国家科学技术学术著作出版基金资助出版

可穿戴泛在能源系统及控制

邓 方 编著

科学出版社

北 京

内 容 简 介

本书详细介绍太阳能、热能、机械能三种当前常见的可穿戴泛在能源系统供能方式。本书将理论与实验进行结合，以可穿戴太阳能服装、温差发电运动装备、电磁式发电鞋为例，结合控制器与改进算法的应用，展现可穿戴泛在能源系统的发展现状。本书证明了该方向发展的前沿性与实用性，并且提出现阶段存在的发展问题与研究热点，为研究人员提供了可穿戴泛在能源系统的基础理论与解决现有可穿戴泛在能源系统所遇挑战的新思路，总结性地指出了研究改进的方向，起到抛砖引玉的作用。

本书可作为从事可穿戴设备开发的从业人员、人工智能领域研究人员、能源等相关领域专业研究人员的参考用书。

图书在版编目(CIP)数据

可穿戴泛在能源系统及控制／邓方编著. —北京：科学出版社，2021.4
ISBN 978-7-03-068530-8

Ⅰ. ①可… Ⅱ. ①邓… Ⅲ. ①移动终端-智能终端-能源供应
Ⅳ. ①TN87

中国版本图书馆 CIP 数据核字(2021)第 061560 号

责任编辑：赵艳春／责任校对：王萌萌
责任印制：师艳茹／封面设计：蓝正

科 学 出 版 社 出版
北京东黄城根北街 16 号
邮政编码：100717
http://www.sciencep.com
天津文林印务有限公司 印刷
科学出版社发行　各地新华书店经销

*

2021 年 4 月第 一 版　开本：720×1000　1/16
2021 年 4 月第一次印刷　印张：9　插页：2
字数：176 000

定价：99.00 元
(如有印装质量问题，我社负责调换)

序

　　当前，智能可穿戴设备正成为消费和研究的热点，国内外掀起了对智能可穿戴系统的研究热潮，但现有的以电池为主的供能系统使智能可穿戴设备在体积和重量上受到了约束，在很大程度上限制了智能可穿戴系统的小型、轻便化发展。可穿戴泛在能源系统的提出，将广泛存在于自然界中的能源与可穿戴设备相结合，利用现有能源发电，摆脱传统电池对设备设计的限制，有望突破智能可穿戴系统供能问题的一大发展瓶颈。《可穿戴泛在能源系统及控制》一书正是在这样的研究背景下完成的。该书汇集了北京理工大学复杂系统智能控制与决策国家重点实验室在可穿戴泛在能源系统领域长期的研究成果，以太阳能、热能、机械能以及它们的共同应用为重点研究对象，将理论推导、仿真演算与实验验证相结合，介绍了国内外可穿戴泛在能源系统的发展现状、作者团队在可穿戴泛在能源系统及其控制领域的部分算法创新以及现有成果，提出了可穿戴泛在能源系统现有的发展问题以及发展趋势，是学科交叉的成果，科学性高，专业性强。

　　该书的主要作者邓方教授从事智能可穿戴系统领域的研究多年，尤其是在可穿戴泛在能源系统领域及控制方面，邓方教授完成了多项与可穿戴泛在能源系统相关的科研项目，研究团队在 *IEEE TIE*、*Energy*、*Solar Energy* 等多个顶级期刊发表了多篇论文，授权与该书内容密切相关的发明专利 20 余项，研究团队的学术水平和写作水平值得肯定。

　　目前，国内外在该方面的著作很少，该书所著的成果时效性强，结构完整，内容清晰，对国内可穿戴泛在能源系统及其控制领域的研究人员具有参考价值。

陈　杰

2020 年 3 月

前　言

　　智能可穿戴系统是融合多学科、多领域，可为人们带来巨大生活便利的智能系统。随着智能可穿戴系统技术的日渐成熟，它的发展规模不断壮大，应用前景十分广阔。但由于可穿戴系统本身的限制，供能问题一直是制约其发展的技术瓶颈。本书基于智能可穿戴系统研究团队在可穿戴能源领域长期的科学研究成果编著而成，详细介绍太阳能、热能、机械能三种当前常见的可穿戴泛在能源系统供能方式，将理论与实验进行结合，以实验室设计完成的可穿戴太阳能服装、温差发电运动装备、电磁式发电鞋为例，结合控制器与改进的算法应用，系统性地展现可穿戴泛在能源系统的发展现状，证明该方向发展的前沿性与实用性，提出现阶段的研究热点与未来发展可能遇到的问题，为可穿戴泛在能源系统的研究提供基础理论与新思路。可穿戴泛在能源系统采用的是自供能的模式，将自然环境与人体中便于采集的能源进行收集，以供利用。该能源系统地提出促进了能源消费观念的改变，绿色环保，有利于可持续发展。

　　国内外很少出版成体系的介绍可穿戴泛在能源系统的书籍，本书汇集了研究团队在可穿戴能源领域的各项研究成果，不仅对目前常见的能源收获方式进行了介绍，更展示了研究团队所设计的可穿戴能源实物与所提出的改进控制算法。通过进行大量专业的实验，得到采集数据，时效性好、科学性高、严谨性强。

　　作者要向所有在研究团队研究、学习的老师和研究生致谢，包括已经毕业和在读的研究生，没有他们每天认真科研的态度，一次次努力完成实验，就不会有研究团队积累下来的宝贵科研成果，也无法将其整理成书籍出版。本书得以完成，是本研究小组多年工作的总结和积累，特别感谢樊欣宇、李凤梅在可穿戴太阳能方面的研究，李勇、谢炜、邱煌彬在可穿戴温差能方面的研究，赵勇立、梁泽浪、桂鹏在可穿戴机械能方面的研究，吕建耀在风能发电方面的研究，以及关胜盘、代风驰、于承航、郝群在可穿戴能源控制方面的研究，由衷感谢樊欣宇、李凤梅、邱煌彬、桂鹏、于承航对本书写作资料的提供，感谢蔡烨芸、丁宁、叶子蔓、姬艳鑫、赵佳晨在本书写作过程中做出的大量贡献。同时还要感谢陈杰、张承慧和粟梅三位教授作为推荐专家为本书撰写推荐意见。

本书还得到了许多朋友的支持和帮助,虽未在此一一说出大家的名字,但一样心存感激。

由于作者水平有限,书中难免存在不足之处,敬请各界同仁和广大读者给予批评指正,作者将不胜感激。

作　者

2020 年 3 月于北京理工大学

目　　录

第1章 绪　　论

1.1　智能可穿戴系统简介

可穿戴设备是指由用户控制、能与用户进行交互、为用户提供个性化服务、可穿戴在人体上并能持续运行的计算机设备[1]。而智能可穿戴系统则是将智能设备或部分功能，融合到可穿戴设备中，形成一套工作系统。智能可穿戴系统是一个融合计算机、机械、材料、网络等多学科、多领域的工作系统，是万物互联趋势的重要部分，可为人们的生活带来巨大便利。其最大的特点就是智能化和移动便携性。通过智能可穿戴系统，用户可以更好地感知外部与自身信息，能够在计算机、网络甚至他人的辅助下更高效地处理信息。

目前市场上出现的智能可穿戴设备种类繁多，已经广泛应用于航空、医疗、军事、银行、商场购物等各领域，但按照功能一般可以分为两大类，一类是自我量化，另一类是体外量化[1]。自我量化是指利用智能可穿戴系统对人体自身的信息，如心率、血压、体温等信息进行量化，通常在医疗保健、运动健身等领域应用比较广泛。体外量化是指借助智能可穿戴系统来强化用户感知环境的能力，如测量环境温度、进行无线通信等，通常在工业、军事以及消费娱乐领域应用得比较多。当前智能可穿戴系统在医疗领域的研究比较突出，可穿戴心电仪还成为《麻省理工科技评论》2019年全球十大突破性技术之一[2]。市场上智能可穿戴系统多集中在眼镜、手表、鞋等日常服饰上。随着智能可穿戴系统发展规模的扩大、技术的不断创新、应用越来越成熟，各行各业都会出现适应于本行业需求的智能可穿戴系统。智能可穿戴系统具有十分广阔的应用前景。

1.2　可穿戴泛在能源系统简介

目前市场上可穿戴设备已经如雨后春笋般发展起来，种类繁多，形态各异，成熟度参差不齐，应用极其广泛。但值得一提的是，由于受到可穿戴这一条件的制约，供能问题一直是智能可穿戴设备进一步发展的技术瓶颈。当前主流的可穿戴设备的供电情况有两种[1]，一种是直接使用一次性锂电池，当电量耗尽时，直接将电池更换；另一种是可充电电池，即电量耗尽时，选用合适的充电方式对其充电以继续使用。无论是哪种方式，电源组件都是不可或缺的存在。在现有的可穿戴设备中，通常电源组件要占可穿戴设备全系统重量的 50%，更有甚者占到了 70%，这对追求高度轻便隐形化佩戴的可穿戴设备来说，是一项极大的挑战。针对供能问题，目前研究人员主要从以下两方面进行研究。

(1) 提高电池的能量密度。

(2) 泛在能源自供电技术。

提高电池的能量密度，通俗地说就是让电池利用尽可能小的体积和质量，存尽可能多的电量，从而延长电池使用时间。虽然随着微电机系统(micro-electro-mechanical systems, MEMS)技术的发展，燃料电池和微热引擎等电池技术与原来相比得到了提高，但仍旧不能解决电池使用寿命较短的问题[3]。放射性微电池虽然能解决电池寿命短的问题，但输出电流很小，并且存在放射性污染，不是长久的发展之计[4]。针对电池存在的现有问题，在超过十余年的研究中，研究团队提出了泛在能源的概念，即充分利用自然界中广泛存在的多种能源，为智能可穿戴设备提供电能[5,6]。简单地说，泛在能源自供电技术是将环境中的能量直接转化为电能。与传统意义上的发电相比，利用泛在能源进行发电的方式更加清洁环保，并且有效利用了周围环境中的能量。与单一能源系统相比，泛在能源系统可以有效缓解使用环境受限、发电量不足等问题。泛在能源系统的提出给需要长期运作，却又不易更换电池、无法提供电源的设备提供了能源供给的解决方案。目前，我们团队已有比较成熟的泛在能源供能技术，能够为无线传感器节点之间的通信[6]、定位[7]等提供稳定的电能。

就智能可穿戴系统而言，我们还需要将这样的泛在能源系统与可穿戴结合，形成完整的智能可穿戴泛在能源系统。例如，在 2013 年，瑞士伯尔尼大学的 Pfenniger 等提出一种采集人体动脉血流能量，为患者体内微纳检测器件提供能量的内嵌式流体能量采集器，并根据磁流体动力学原理进行了有限元可行性仿真，结果表明该结构的能量转换效率和平均输出功率分别可以达到 20% 和 30μW[8,9]。2016 年，中国科学院北京纳米能源与系统研究所、美国佐治亚理工学院和重庆大学的研究人员开展合作研究，成功采用飞梭织布技术将新型高分子纤维基太阳能电池与纤维摩擦纳米发电机共同编织起来，制备了可以同时采集太阳能和机械能的复合能源衣[10]。2018 年，中北大学的田竹梅采用"平织法"制备工艺，制备了基于织物结构的柔性摩擦纳米发电机。该发电机可以穿戴在人体肘部、腋下、膝盖内侧、脚底等部位，通过人体跑步、拍打等动作即可驱动发电[11]。

大自然，包括人体周身环境中的泛在能源包括太阳能、辐射能、声能、风能、热能、机械能、电磁能等[12]，如果能充分利用这些广泛存在的能源，我们将额外收获非常可观的发电量。目前常见的智能可穿戴泛在能源系统所能收集利用的能源为太阳能、热能、机械能和电磁能[13]。本研究团队所涉及的可穿戴泛在能源系统研究主要针对太阳能[14]、热能[15]和机械能[16-18]。

1.2.1 太阳能俘获简介

太阳能广泛存在于自然界中，能量大且转换技术相对比较成熟。太阳能电池板的出现使太阳能的收集变得更加方便，并且在一些电子设备中早就有所应用。通常对太阳能电池阵列进行可穿戴设计，采用小体积拼接等方法形成可穿戴泛在能源系统。近年来有机薄膜太阳能电池、量子点太阳能电池等柔性太阳能电池的出现使太阳能电池能更好地满足智能可穿戴泛在能源系统的柔性需求，成为发展潮流。

1.2.2 热能俘获简介

热能是广泛存在的一种能源，如地热、光热、工厂废热等，无论在自然界还是人类社会中，热量都是普遍存在的。在利用热能收集能量时，我们使用温差发电技术。温差发电技术的工作原理是基于热电效应之一的泽贝克(Seebeck)效应。当一对 P-N 结电偶对两端产生温度差时，该电偶对就会产生一定的电压差，将电偶对进行规模化的串、并联连接，即可获得较大电压，与外接负载串联后即可形成回路。热电材料的性能受泽贝克系数的影响非常大，电导率、热导率、材料尺寸等诸多因素对发电效率有一定影响。通常将温差发电电偶串、并联后以温差发电阵列的形式输出，组成我们的温差可穿戴泛在能源系统。

1.2.3 机械能俘获简介

机械能发电的应用非常广泛，并且技术很成熟。相对于太阳能和热能受环境因素的限制大，机械能则没有环境因素的限制，因此可以全天候持续发电。在可穿戴泛在能源系统中，一般利用人体自身活动产生的机械能，如腿部摆动、手肘弯曲、脚部踩踏等。但由于磁体很难实现柔性，小型化设计会使发电机尺寸减小而导致发电功率急剧下降，传统的机械能收集技术很难直接应用到可穿戴泛在能源系统中。现有的机械能收集方式有三种：电磁式、压电式、静电式。压电式和静电式均在材料上进行了创新。压电式利用的是压电材料具有的压电效应，即材料在物理形变下可以产生电势。静电式的研究热点主要在 2012 年王中林教授提出的纳米摩擦发电机(triboelectric nanogenerator, TENG)上。这两种材料均可以实现柔性需求，并且体积小、发电量可观。电磁式则是在传统电磁发电的基础上进行结构上的优化设计，巧妙针对不同方向上的人体运动，选择合适的结构，在尽可能小体积的发电机上得到尽可能大的发电量。机械能发电在智能可穿戴泛在能源系统中的应用比较广泛。

1.3 可穿戴泛在能源系统设计原则简介

可穿戴泛在能源系统是最终需要穿戴在人体上的设备，因此需要考虑相应的可穿戴设计。张红提出了在人体有效部位进行可穿戴设计时可供参考的六项原则，即移动的可靠性、即时网络接入、穿戴性、支持兼容性和可扩展性、安全性、易学易用性[19]。

在产品设计初期，我们研究团队对设计的产品提出以下四个主要要求。

(1) 穿戴性。可穿戴设备的首要特征就是具备穿戴性，即像普通衣物一样可以被用户穿戴在身上。设计应该秉承以人为本的原则，不能影响用户正常的日常活动，能够真正为用户生活带来便利而不是成为累赘。如果用户穿上相应设备后，反而行动受限，无法进行正常活动，那么这样的可穿戴设计也就失去了意义。

(2) 安全性。可穿戴设备是直接与人体接触的一种设备，它的安全性将会直接影响到用户的身体健康。尤其是一些与皮肤直接接触的部分和带电的环节。首先在材料的选择上，除了选择绝缘、防潮等属性外，还要充分考虑材料的亲肤程度，是否会造成用户过敏等；其次在电路布线、结构设计上，需要考虑是否在使用时会对用户造成物理或化学伤害；最后整个设备的封装要稳固，这是最后一道防线。

(3) 移动的可靠性。无论是什么部位，人体的活动总是存在很大的随机性。这对整个能量收集系统的可靠性提出很高的要求。目前技术所能实现的可穿戴设备均需要依赖不同的织物及机械结构，因此让设备24小时穿戴在人体身上是不现实的。设备的设计还需要考虑可拆卸性，可以保证在用户需要时方便地将设备卸下或装上。若设备出现故障，可拆卸性也将为检修人员带来很大便利。对整个系统来说，需要应对用户不断施力，反复穿戴和脱卸的过程，人体出汗、发热和环境因素造成的潮湿、灰尘等多种难以提前预测的随机情况。可靠性的实现是设备能够在复杂环境中保持稳定运行的必要条件。

(4) 可扩展性。可穿戴系统的重要特征之一就是其灵活性，可以针对不同的应用进行具体的设计和业务扩展。因此，整个可穿戴系统并不是一蹴而就的，而是根据实际用户反馈进行继续完善优化的。通常情况下，初代样品制作完成后会存在许多不足，需要收集大量实验数据和用户体验才能进一步完善可穿戴系统的设计。可扩展性保证了设备能够在初代样品的基础上继续升级改进，也为设备在其他方向上的应用提供了可能性接口。

1.4　本书的内容与特点

本书是基于本智能可穿戴系统研究团队在可穿戴能源领域长期的科学研究成果而著成的，详细介绍了太阳能、热能、机械能三种当前常见的可穿戴泛在能源系统供能方式，将理论与实验进行结合，以可穿戴太阳能服装、温差发电运动装备、电磁式发电鞋为例，结合控制器与改进的算法应用，展现了智能可穿戴泛在能源系统的发展现状。本书将证明该方向发展的前沿性与实用性，并且提出现阶段存在的发展问题与研究热点，为研究人员提供可穿戴泛在能源系统的基础理论与新的思路，总结性地指出研究改进的方向，起到抛砖引玉的作用。对于青少年来说，本书内容发源于生活，贴近实际，可激发青少年对科学研究的兴趣。

第 1 章对智能可穿戴系统和可穿戴泛在能源系统进行了简单介绍，说明了可穿戴能源技术提出的背景和意义，介绍了基于我们研究团队研究基础的三种能源俘获方式，介绍了本书各章节的内容安排。

第 2 章详细介绍可穿戴太阳能系统，对太阳能电池进行理论建模与工程建模分析，研究太阳能电池串、并联特性。以柔性太阳能电池为例，以我们研究团队关于可穿戴太阳能能源系统的研究为基础，从获能、储能、控制的角度对可穿戴太阳能服装进行设计。

第 3 章详细介绍可穿戴热能系统，基于我们研究团队在温差发电领域的研究基础，将温差发电模块与运动装备结合，并采用超级电容进行储能，完成可穿戴温差发电系统的设计。研究团队还针对人体穿戴位置、人体运动模式、户外环境、温差发电片连接方式等影响因素进行多组对比实验，所设计的设备在实验中均可以提供稳定的电力输出。

第 4 章详细介绍可穿戴机械能系统，总结电磁式、压电式和静电式这三种主要的机械能发电方式的原理。在实验中使用人体足部运动数据采集系统分析鞋式发电装置的最优安装部位。设计动铁式、动圈式与压力式三种电磁式发电鞋，并对动铁式发电鞋进行 5 组不同参数的对比实验，对其实现结构参数优化。

第 5 章详细介绍能够应用于可穿戴泛在能源系统的控制器与算法。针对可穿戴泛在能源系统自身功率受限与工作环境的特殊性，我们研究团队提出了基于扰动观察(perturb and observe，P&O)法和导纳增量法的改进最大功率点跟踪(maximum power point tracking，MPPT)算法、改进的 PSO-DE(particle swarm optimization-differential evolution)混合算法、改进的全局最大功率点搜索算法。最后结合研究团队的可穿戴太阳能收获系统，详细介绍控制器的硬件实现与软件实现。

第 6 章详细介绍可穿戴泛在能源系统的储能结构。根据可穿戴能量收集的不确定性与随机性，总结锂电池与超级电容器的特性，提出研究团队设计的改进的电压均衡方案，介绍柔性电容的发展前景。

第 7 章对智能可穿戴泛在能源系统的发展进行总结与展望。

参 考 文 献

[1] 蒋小梅, 张俊然, 赵斌, 等. 可穿戴设备分类及其相关技术进展. 生物医学工程学杂志, 2016, 33(01): 42-48.

[2] Howell A. MIT technology review partners with Bill Gates to present 10 breakthrough technologies of 2019. MIT Technology Review, 2019, 09: 30.

[3] Mehra A, Zhang X, Ayon A A, et al. A six-wafer combustion system for a silicon micro gas turbine engine. IEEE Journal of Miroelectromechanical Systems, 2000, 9(4):517-527.

[4] Paradiso J A, Starner T. Energy scavenging for mobile and wireless electronics. IEEE Pervasive Computing, 2005, 4(1):18-27.

[5] Cai Y Y, Deng F, Zhao J C, et al. The distributed system of smart wearable energy harvesting based on human body. 2018 37th Chinese Control Conference (CCC). IEEE, Wuhan, 2018: 7450-7454.

[6] Deng F, Yue X, Fan X, et al. Multisource energy harvesting system for a wireless sensor network node in the field environment. IEEE Internet of Things Journal, 2018, 6(1): 918-927.

[7] Deng F, Guan S, Yue X, et al. Energy-based sound source localization with low power consumption in wireless sensor networks. IEEE Transactions on Industrial Electronics, 2017, 64(6):4894-4902.

[8] Pfenniger A, Stahel A, Koch V M, et al. Energy harvesting through arterial wall deformation:A FEM approach to fluid-structure interactions and magneto-hydrodynamics. Applied Mathematical Modelling, 2014, 38(13):3325-3338.

[9] Pfenniger A, Obrist D, Stahel A, et al. Energy harvesting through arterial wall deformation: Design considerations for a magneto-hydrodynamic generator. Medical & Biological Engineering & Computing, 2013, 51(7): 741-755.

[10] KX. 0914. 可同时采集光能和机械能的复合能源衣研制成功.军民两用技术与产品, 2016(19): 37.

[11] 田竹梅. 面向自供电人体运动信息采集的柔性摩擦纳米发电机研究. 太原: 中北大学, 2018.

[12] 张佑春, 徐涛, 潘晓君, 等. 能量采集器研究现状与展望. 兰州文理学院学报(自然科学版), 2017, 31(02): 62-66.

[13] 刘竞雅. 智能穿戴设备的能源解决方案. 电源技术, 2017, 41(05): 834-836.

[14] Fan X, Deng F, Chen J. Voltage band analysis for maximum power point tracking of stand-alone PV systems. Solar Energy, 2017, 144: 221-231.

[15] Deng F, Qiu H, Chen J, et al. Wearable thermoelectric power generators combined with flexible supercapacitor for low-power human diagnosis devices. IEEE Transactions on Industrial Electronics, 2016, 64(2): 1477-1485.

[16] Deng F, Cai Y, Fan X, et al. Pressure-type generator for harvesting mechanical energy from human gait. Energy, 2019, 171: 785-794.

[17] Gui P, Deng F, Liang Z, et al. Micro linear generator for harvesting mechanical energy from the human gait. Energy, 2018, 154: 365-373.

[18] Ding N, Deng F, Cai Y, et al. Wearable human foot mechanical energy harvesting device based on moving-coil generator. 2019 Chinese Control Conference (CCC). IEEE, Guangzhou, 2019: 6498-6503.

[19] 张红. 可穿戴产品的概念开发及提案. 上海: 东华大学, 2007.

第 2 章　可穿戴太阳能系统

2.1　引　　言

可穿戴太阳能供电系统穿戴设计的核心是柔性太阳能电池在人体服装上的布置，多片柔性太阳能电池以一定的连接方式分别布置在服装上，使其既能够正常收集转换太阳能又不会影响到人体活动。

早在十几年前，人们便已开始对太阳能服装进行设计与研究。美国的拉皮迪斯于 1996 年就设计了一种内衬是聚酯薄膜，质料是黑白相间的真丝面料，装备着微型锂电池以及单晶硅太阳能捕获器的太阳能连帽衣。在这之后的十几年里，在各种时装周以及太阳能产品展会上，可以看到来自美国、日本、德国等国的设计师与科研人员设计的各种可为便携设备充电的太阳能服装[1]。

近几年，我国的太阳能服装设计也有了很大进展，例如，在 2010 年第三届"全国大学生节能减排社会实践与科技竞赛"上，德州学院纺织服装工程学院设计的一种功能型太阳能服装获得全国一等奖[2]。

可穿戴太阳能将太阳能电池运用到人体，可通过直接使用柔性太阳能纺织品或者将柔性太阳能电池与服装结合来实现。柔性太阳能纺织品是将非常柔韧轻盈的太阳能电池与纤维结合在一起形成光伏纤维，以此制作各种智能纺织品，将光能转换为太阳能。但是依靠现阶段的技术，确定合适的光伏材料和基材纤维以及结合方式都是不小的挑战，开发光伏纤维任重道远。因此本章选择以柔性太阳能电池与服装结合的方式来进行介绍。

2.2　太阳能电池发展

早在 20 世纪 50 年代的时候，位于美国的贝尔实验室就诞生了首块晶体硅光伏电池，这是能源发展史上的里程碑。从那以后，便进入了利用太阳光为人类提供能源的新时代。之后不久，人们便发现了太阳能电池的妙用，将太阳能电池和人造卫星结合起来，让人造卫星有源源不断的能源。

第一代太阳能电池也就是最早一批被研发和生产出来的电池。这种太阳能电池可以分为两大类，其中一类是单晶硅太阳能电池，另外一类是多晶硅太阳能电池。

单晶硅太阳能电池通常来讲是将硅片作为其核心的原料。单晶硅太阳能电池的转换效率不是特别高，最高只能达到 24.7%，而且因为它的售价比较高昂，曾经被断定会退出整个光伏市场。但是，最近出现了超薄型太阳能电池的制作和生产工艺，市面上已经出现了厚度低于 200μm 的太阳能电池片，并且实验室中已经出现了厚度为 40μm 的电池。这种超薄的电池生产工艺让整个光伏电池产业的原料需求大大下降。

多晶硅太阳能电池则一般以半导体多晶硅为主要原料，或者采用专用的材料。多晶硅电池与单晶硅电池存在一定的差异，生产多晶硅光伏电池所需要的成本比较低，并且在低成本的基础上可以达到单晶硅光伏电池的光能转换效率，因此，这种电池成为光伏电池最主要的几种产品之一。由于各种光伏电池生产工艺的不断发展和改进，多晶硅电池不再仅仅与单晶硅电池的光能转换效率持平，而是得到了大幅度提升，并且大大降低了成本。在太阳能电池阵列的成本组成中，硅原料占据了 55% 左右。

采用薄膜太阳能电池，可大幅降低成本，因为其衬底很廉价。如果在上面沉积硅薄膜并将其当作活性层，那么仅仅 40μm 厚度的硅薄膜光伏电池便可以吸收到高达 80% 的太阳辐照能量。这与 200μm 厚度的单晶硅太阳能电池比起来，大大地减少了电池的厚度，节省了大量的原材料，降低了光伏电池制造的成本。更可贵的是，这种电池对太阳辐照的转换效率能达到多晶硅太阳能电池的光电转换效率。以多晶硅为材料制作而成的薄膜太阳能电池的光电转换效率可以达到 21%，量产的商用多晶硅材料制作而成的光伏电池的光能转换效率大约是 14%。从目前的形势来看，太阳能产业的很大一部分比重都属于多晶硅光伏电池。

第二代光伏电池是在第一代太阳能电池研究的基础上提出的一种新型太阳能电池，这种电池需要更先进的制备工艺，但是其发电效率更高。其中一种是非晶硅薄膜光伏电池，另外一种是多晶硅薄膜光伏电池。

20 世纪后期，世界上第一块非晶硅薄膜光伏电池被制造出来，由于其低廉的制造代价，这种新型产品很快被重视并大量制造。原料涨价和资源不足等问题促进了更先进的制作工艺的出现，增快了薄膜光伏电池的研发进度。虽然非晶硅薄膜光伏电池的光电转换效率不是特别高，但是它的成本相当低廉，这注定会让它在太阳能市场中占据的分量日益增加。但是我们仍然不能忽略非晶硅薄膜电池光能转换效率低的缺点。非晶硅有较多的缺陷，并且它的转换效率还会随着辐射强度的变化而逐步衰减，这就让这种电池在实际中的应用面变窄。将非晶硅薄膜电池与微晶硅融合在一起是现在非晶硅光伏电池开发的风向标。这种制造方式能够生成异质结的光伏电池，这样一来就在不丢失非晶硅电池优越性的同时，又有效减缓了非晶硅光伏电池的转换效率因太阳辐射降低的过程。非晶硅薄膜光伏电池是目前市场上占据最大生产规模的一种薄膜太阳能电池，这种电池的光能转换效率可以达到 17% 左右。

不光是非晶硅薄膜光伏电池,以多晶硅为主要材料制作出来的薄膜光伏电池也是这几年来光伏发电产业研发的重点。多晶硅作为薄膜光伏电池的原料并不是特别理想,因为它是间接带隙的材料。但是由于各种制作工艺的发展和研究进程的不断推进,人们现在可以制造出廉价并且光能转换效率极高的多晶硅薄膜太阳能电池。目前制造这种光伏电池的方式有非硅衬底和低品质硅衬底这两种方式。薄膜光伏电池的生产成本很低,因为它很轻薄,所用到的材料自然也就很少,这样的电池易于投入大规模的生产之中。多晶硅制作成的薄膜光伏电池的最高光电转换效率是 19% 左右。由于薄膜光伏电池较高的光电转换效率和低廉的造价,薄膜光伏电池可以说是今后光伏产业发展的风向标。多晶硅薄膜太阳能电池目前在世界范围内的发展相当迅速,相信不久就会占据光伏市场的主导地位[3]。

科学家和研究人员的眼光总是超前于现阶段的太阳能电池发展状况。近期,第三代的新型光伏电池理念已经被科研工作者提出。国外的学者坚持,第三代光伏电池一定要有轻薄、光电转换效率高等显著的优势。现在第三代光伏电池还处在研发的初始阶段,光伏产业的专家已经提出了三种第三代光伏电池,分别是热载流子光伏电池、层叠光伏电池和多带隙光伏电池。从学者得出的理论来说,第三代光伏电池的最高光电转换效率可以到 95% 左右,但是现在光伏电池的光电转换效率只能到 33% 左右,可见这中间有相当大的落差,这说明光伏电池的发展空间是不可估量的。回到实际中,虽然第三代光伏电池拥有前两代光伏电池无法比拟的优势,但是第三代光伏电池的制作工艺还无法在短期内得到突破。因此,硅材料制作的光伏电池仍然为现阶段光伏电池研发的主旋律。硅光太阳能电池仍将占据太阳能产业的主流,为人们节约资源和保护环境做出不可估量的贡献。

2.3 柔性太阳能电池材料

柔性太阳能电池是指在柔性材料(如不锈钢、聚酯膜)上制作的电池[4]。例如,美国联合太阳能(United Solar)公司生产的柔性太阳能电池选择厚度仅为 127 μm 的不锈钢作为衬底,柔软程度非常出色,即使经过上百次卷曲,对太阳能电池的性能也几乎不会有任何影响[5],而且光电转换效率很高,其小面积太阳能电池的效率已经达到了 14.6%。

各种类型的太阳能电池目前几乎都在不同程度上达到了柔性化,如非晶硅太阳能电池、染料敏化太阳能电池、纤维柔性太阳能电池、聚合物有机半导体太阳能电池以及无机半导体太阳能电池等[6]。图 2.1 所示是目前市场上可购买的典型柔性太阳能电池。

在柔性太阳能电池中,商业化、产业化较成熟的是非晶硅柔性太阳能电池和铜铟镓硒柔性太阳能电池。

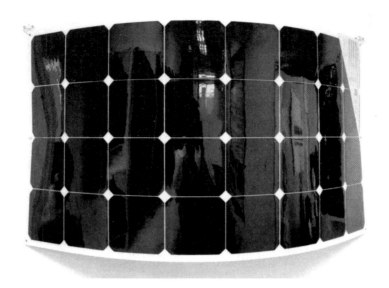

图 2.1　柔性太阳能电池[6]

2.3.1　非晶硅太阳能电池

1976 年,一种薄膜式太阳能电池——非晶硅(amorphous silicon, a-Si)太阳能电池出现在大众视野中,它的制作方法相对于单晶硅和多晶硅太阳能电池来说简单很多,而且硅材料消耗更少,其主要优点是在弱光条件下也能发电[7]。1997 年研究者提出了能够提高转换效率和稳定性的三结叠层电池结构,这是非晶硅太阳能电池的一个突破,稳定后的转换效率达到 8.0%～8.5%[8]。

日本和美国是目前世界上从事柔性衬底非晶硅太阳能电池研制生产的主要国家,美国的 United Solar、ECD、USSC 公司,欧洲的 VHF-Technologies 公司,日本的 Sharp、Sanyo、TDK、Fuji 等公司具有研发生产非晶硅太阳能电池的世界领先技术。我国的上海太阳能工程技术研究中心的生产能力也不容小觑,目前该中心拥有整套的柔性非晶硅薄膜电池研制线,研究的非晶硅/微晶硅叠层太阳能电池效率达到了 10%。

2.3.2　铜铟镓硒太阳能电池

目前光电转换效率最高的薄膜太阳能电池便是铜铟镓硒(copper indium gallium selenium, Cu(In,Ga)Se2, CIGS)太阳能电池,而且因为这种电池简化了生产工艺,生产成本得以大幅降低,所以被认为是太阳能电池材料体系中能够同时兼顾高效率和低成本的"最好和最现实"的系统。在阴天或阴暗气候条件下,具有良好弱光特性的铜铟镓硒薄膜电池相比其他太阳能电池能够产生更多的电能,该电池良好的适应性使其具有在高纬度地区和气候条件不理想的情况下工作的能力。由于铜铟镓硒太阳能电池具有诸多突出优点,国际上竞相研制该种新型太阳能电池。

在 2010 年,德国一家太阳能和氢能研究机构(简称 ZSW)宣布其 CIGS 太阳能电池的光电转换效率达到 20.3%,但遗憾的是,这种高效率 CIGS 薄膜电池还不能实现商业化生产。2012 年时,由 Tiwari 率领的 Empa 薄膜和光伏实验室团队,将基于柔性聚合物基板的薄膜 CIGS 太阳能电池转换效率从 2011 年 5 月达到的 18.7%大幅提升到 20.4%。2013 年初,柔性 CIGS 薄膜企业木兰太阳能公司(Magnolia Solar)声称,其与纽约州立大学纳米学院及美国光伏制造业联合会合作研究生产了一种采用柔性薄不锈钢和钛合金衬底的转换效率达 13%的 CIGS 太阳能电池。木兰太阳能公司在纳米结构增透膜用于太阳能电池方面取得不断进展,这种增透膜采用倾斜角纳米结构生长,可增强能量吸收并使反射损失最小化,电池性能得到进一步改进。

我国在这方面的研究起步较晚,哈尔滨的 Chrona 公司、南开大学等均有关于 CIGS 太阳能电池的研发项目,现在已经取得了长足的进步,近期的研究达到了 341W/kg 的功率质量比,但仍然与国际水平相去甚远[9]。我国上海太阳能工程技术研究中心目前也已经建成具备开展铜铟硒薄膜太阳能电池的研发能力的实验平台,建立了一条铜铟硒薄膜电池试制线,可进行影响电池性能的终试前关键技术研究开发,如沉积均匀性、小组件制备等,为后续发展提供技术支撑,当前研制的铜铟镓硒薄膜太阳能电池光电转换效率达到 12%。

2.4　太阳能电池模型

2.4.1　太阳能电池工作原理

太阳能电池利用半导体材料的光伏转换特性,可实现将储量丰富却不能直接利用的太阳辐射能转变为电势能。

在四价纯硅晶体中掺入三价硼元素杂质形成多子为空穴的 P 型半导体,掺入五价磷元素杂质形成多子为自由电子的 N 型半导体。单纯的 P 型半导体或 N 型半导体均呈现电中性,当两者结合在一起时,在交界面处由于两侧的空穴与电子存在浓度差,会造成多子的扩散,留下不能移动的带电粒子在交界面处形成空间电荷区。形成从带正电的 N 型半导体指向带负电的 P 型半导体的内电场,在内电场作用下会抑制多子的扩散,促进少子的漂移。当两者运动达到平衡后,P-N 结形成。

当光伏电池吸收太阳辐射后,具有大量能量的光子会将共价键中的电子激发从而形成电子-空穴对。P-N 结内电场会使自由电子向带有正电的 N 区移动,空穴向带有负电的 P 区移动，从而建立起光生电场，该电场与 P-N 结电场指向相反。当光生电场足够大时，光生电场会抵消 P-N 结内电场，剩余的光生电场部分使 P 区带正电，N 区带负电，如图 2.2 所示，将来自太阳的光能转化为可利用的电能。

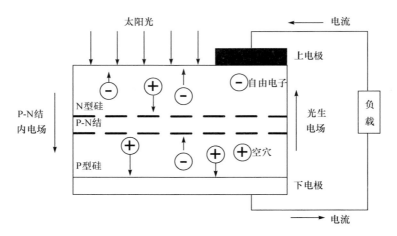

图 2.2　太阳能电池实现光电转化的过程示意

2.4.2　太阳能电池理论模型

太阳能电池可实现将太阳能转化为电能。依据电子学理论，太阳能电池的内部特性可利用等效电路进行描述[10]。太阳能电池相当于具有 P-N 结的半导体二极管，因而太阳能电池的特性可以用二极管与电流源并联的等效电路进行描述[11]。对于太阳能电池材料本身的电阻以及漏电短路特性，可在太阳能电池等效电路模型中引入附加电阻进行描述。将它们的总效果用一个串联电阻 R_S 和并联电阻 R_{sh} 来表示[12]，如图 2.3 所示。

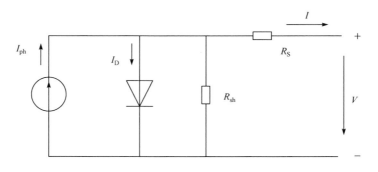

图 2.3　太阳能电池等效电路

由电路理论可知：

$$I = I_{ph} - I_D - I_{sh} \tag{2.1}$$

$$V_j = V + IR_S \tag{2.2}$$

$$I_{sh} = \frac{V_j}{R_{sh}} \tag{2.3}$$

二极管中流过的电流可以通过描述 I_0、I_D 和二极管电压 V_j 关系的肖克利方程(Shockley diode equation)得到：

$$I_D = I_0 \left[\exp\left(\frac{qV_j}{nkT} \right) - 1 \right] \tag{2.4}$$

将式(2.2)~式(2.4)代入式(2.1)，可以得到 I-V 关系方程：

$$I = I_{ph} - I_0 \left\{ \exp\left[\frac{q(V + IR_S)}{nkT} \right] - 1 \right\} - \frac{V + IR_S}{R_{sh}} \tag{2.5}$$

式中，I_{ph} 为光生电流；I_0 为反向饱和电流；n 为二极管影响因子；q 为电子电荷常数，为 $1.6 \times 10^{-19} C$；T 为温度；k 为玻尔兹曼常量，为 $1.38 \times 10^{-23} J/K$；R_S 为串联电阻；R_{sh} 为并联电阻。

由式(2.5)可知，电流 I 与电压 V 的关系是一个隐函数超越方程，给太阳能电池组件进行串、并联分析造成了一定的麻烦。因此，引入 Lambert W 方程来对电压、电流进行解耦，构建一个显式方程，通过 V 来将电流 I 表示出来[13]。

Lambert W 函数 $f(w) = we^w$ 的反函数，即方程 $W(x)e^{W(x)} = x$ 的解。

对于方程 $ax + b = \exp(cx + d)$，可以通过 Lambert W 方程来描述其解：

$$x = -\frac{b}{a} - \frac{1}{c} W \left[-\frac{c}{a} \exp\left(\frac{ad - cb}{a} \right) \right] \tag{2.6}$$

对于式(2.6)，可令 $x = I$，$a = -\dfrac{R_S + R_{sh}}{R_{sh} I_0}$，$b = \dfrac{R_{sh}(I_{ph} + I_0) - V}{R_{sh} I_0}$，$c = \dfrac{qR_S}{nkT}$，$d = \dfrac{qV}{nkT}$。这样就可以得到电流的显式表示了：

$$I = \frac{R_{sh}(I_{ph} + I_0) - V}{R_{sh} + R_S} - \frac{nkT}{qR_S} W(X) \tag{2.7}$$

式中，$X = \dfrac{qR_S R_{sh} I_0}{nkT(R_S + R_{sh})} \exp\left[\dfrac{qR_{sh}(R_S I_{ph} + R_S I_0 + V)}{nkT(R_S + R_{sh})} \right]$。

令 $x = V$，$a = -\dfrac{1}{R_{sh} I_0}$，$b = \dfrac{R_{sh}(I_{ph} + I_0 - I) - IR_S}{R_{sh} I_0}$，$c = \dfrac{q}{nkT}$，$d = \dfrac{qIR_S}{nkT}$，即可

得到电压的显式方程：

$$V = R_{sh}(I_{ph} + I_0 - I) - IR_S - \frac{nkT}{q}W(Y) \tag{2.8}$$

式中，$Y = \frac{qR_{sh}I_0}{nkT}\exp\left[\frac{qR_{sh}(I_{ph} + I_0 - I)}{nkT}\right]$。

通过显式的 I-V 方程式(2.7)和式(2.8)，就可以进行太阳能电池组件的串、并联等效电路分析了。

若有 N_S 个太阳能电池组件串联，其输出特性参数为

$$\begin{cases} n' = n \cdot N_S \\ I'_{ph} = I_{ph} \\ I'_0 = I_0 \\ R'_S = R_S \cdot N_S \\ R'_{sh} = R_{sh} \cdot N_S \end{cases} \tag{2.9}$$

若有 N_P 个太阳能电池组件并联，其输出特性参数为

$$\begin{cases} n' = n \\ I'_{ph} = I_{ph} \cdot N_P \\ I'_0 = I_0 \cdot N_P \\ R'_S = R_S / N_P \\ R'_{sh} = R_{sh} / N_P \end{cases} \tag{2.10}$$

2.4.3 太阳能电池模型参数随光强与温度变化的关系

太阳能电池组件的 I-V 曲线不仅与电池本身的性能参数有关，还与入射光强、太阳能电池的工作温度密切相关[14-16]。一般是在标准测试条件(standard testing condition，STC)下对太阳能电池进行性能测试，得到一条 I-V 曲线。实际情况中，太阳能电池很少能工作在 STC 下，因此需要了解组件在不同工作环境下的 I-V 曲线，即太阳能电池模型参数随太阳辐射强度、环境温度变化的关系。下角标 ref 均代表 STC 下的测试数值。

1. 光生电流

在温度为 T、光强为 S 时，光生电流 I_{ph} 为

$$I_{ph} = \left(\frac{S}{S_{ref}}\right)[I_{ph,ref} + \alpha(T - T_{ref})] \tag{2.11}$$

式中，$I_{ph,ref}$ 是光强 $S_{ref} = 1000\,\text{W/m}^2$ 和温度 $T_{ref} = 25℃$ 时太阳能电池的光生电流；

α 为温度系数，数值相对较小。光生电流对太阳能电池 $I\text{-}V$ 曲线有着最为显著和直接的影响，会随光强近似地呈现线性变化。当太阳能电池被遮挡时，光生电流的大小会随着遮挡程度的改变而变化。

2. 反向饱和电流

反向饱和电流 I_0 受温度影响较大：

$$\frac{I_0}{I_{0,\text{ref}}} = \left(\frac{T}{T_{\text{ref}}}\right)^3 \exp\left[\frac{1}{k}\left(\frac{E_{g,\text{ref}}}{T_{\text{ref}}} - \frac{E_g}{T}\right)\right] \tag{2.12}$$

式中，E_g 是材料的能带宽度，主要受温度影响，可通过下式进行计算：

$$\frac{E_g}{E_{g,\text{ref}}} = 1 - 0.0002677(T - T_{\text{ref}}) \tag{2.13}$$

对于硅电池，$E_{g,\text{ref}}$ 为 $T_{\text{ref}} = 25℃$ 时的值，约为 1.12eV。

在实际情况下，温度的变化主要是由于太阳光照射引起的温度升高，温度变化不大时 I_0 变化很小。

3. 串联电阻

串联电阻 R_S 会同时受光强和温度两种环境因素的影响，之间的关系可以用式(2.14)进行描述，它的变化对太阳能电池 $I\text{-}V$ 曲线有着较大的影响。

$$\frac{R_S}{R_{S,\text{ref}}} = \frac{T}{T_{\text{ref}}}\left(1 - \beta \ln \frac{S}{S_{\text{ref}}}\right) \tag{2.14}$$

4. 并联电阻

并联电阻 R_{sh} 主要受光强影响，受温度影响极小，可忽略。用式(2.15)来描述它们的关系。

$$\frac{R_{\text{sh}}}{R_{\text{sh,ref}}} = \frac{S_{\text{ref}}}{S} \tag{2.15}$$

5. 二极管影响因子

二极管影响因子 n 受光强和温度影响极小，一般认为二极管理想影响因子不随光强与温度变化。

2.4.4 工程简化模型

在前面的分析中，式(2.5)是通过物理理论推导出的基本太阳能电池模型，它能够相对准确地描述太阳能电池的 $I\text{-}V$ 特性，目前被广泛应用在太阳能电池的理论分析中。

在工程应用中，太阳能电池生产厂家一般只会提供电池组件在 STC 下的开路电压 V_{OC}、短路电流 I_{SC}、最大功率点电压值 V_M、最大功率点电流值 I_M 4 个技术参数，但是用于 $I\text{-}V$ 特性准确分析的表达式即式(2.5)中主要包括 5 个参数(I_{ph}、I_0、n、R_S、R_{sh})，因此式(2.5)并不适合工程设计使用。为了方便进行仿真分析与控制器设计，需要根据这 4 个技术参数建立一个工程简化模型，用来描述不同光强和温度下太阳能电池的 $I\text{-}V$ 特性，该模型既要简单实用，又要满足工程精度的要求。

通常电池的并联电阻很大，在工程分析中可将式(2.5)简化为

$$I = I_{ph} - I_0 \left\{ \exp\left[\frac{q(V + IR_S)}{nkT} \right] - 1 \right\} \tag{2.16}$$

另外，由于暗电流非常小，因此可近似认为 $I_{ph} = I_{SC}$。再令 $\lambda = q/(nkT)$，又由于常温条件下，$\exp[\lambda(V + IR_S)] \gg 1$，式(2.16)可化为[17]

$$I = I_{SC} - I_0 \exp[\lambda(V + IR_S)] \tag{2.17}$$

在开路情况下，$I = 0$，$V = V_{OC}$，代入式(2.17)中可得

$$0 = I_{SC} - I_0 \exp(\lambda V_{OC}) \tag{2.18}$$

工作在最大功率点的电流值 $I = I_M$，电压 $V = V_M$，代入式(2.17)中可得

$$I_M = I_{SC} - I_0 \exp[\lambda(V_M + I_M R_S)] \tag{2.19}$$

由式(2.18)、式(2.19)可以得到[11]

$$\lambda = \frac{\ln(1 - I_M / I_{OC})}{V_M + I_M R_S - V_{OC}} \tag{2.20}$$

$$I_0 = I_{SC} \exp(-\lambda V_{OC}) \tag{2.21}$$

$$R_S = \frac{1}{I_M}\left[\frac{V_{OC}}{\ln(I_{SC} / I_0)} \ln\left(\frac{I_{SC} - I_M}{I_0} \right) - V_M \right] \tag{2.22}$$

在式(2.22)中，I_0 在 $[10^{-10}I_{SC}, 10^{-8}I_{SC}]$ 范围内取值[12]，一般可取 $I_0 = 10^{-9}I_{SC}$。

根据太阳能电池厂商提供的 STC 下的 4 个技术参数 V_{OC}、I_{SC}、V_M、I_M，通过引入补偿系数，可以近似推算出任意条件下这 4 个技术参数的值[18]。

$$\Delta T = T - T_{ref} \tag{2.23}$$

$$\Delta S = S - S_{ref} \tag{2.24}$$

$$I'_{SC} = I_{SC} \cdot \frac{S}{S_{ref}} \cdot (1 + a\Delta T) \tag{2.25}$$

$$V'_{OC} = V_{OC} \cdot \ln(e + b\Delta S) \cdot (1 - c\Delta T) \tag{2.26}$$

$$I'_M = I_M \cdot \frac{S}{S_{ref}} \cdot (1 + a\Delta T) \tag{2.27}$$

$$V'_M = V_M \cdot \ln(e + b\Delta S) \cdot (1 - c\Delta T) \tag{2.28}$$

式中，STC 下参考光强 $S_{ref} = 1000\,\text{W/m}^2$；参考温度 $T_{ref} = 25°C$；$\Delta T = T - T_{ref}$ 为太阳能电池实际温度与参考温度的差值；$\Delta S = S - S_{ref}$ 为太阳实际光强与参考光强的差值；当太阳光强为 S、太阳能电池温度为 T 时，开路电压为 V'_{OC}、太阳能电池的短路电流为 I'_{SC}、最大功率点的电压值为 V'_M、最大功率点的电流值为 I'_M；e 是自然对数的底数；补偿系数 a、b、c 为常数，根据大量实验数据拟合得出这些补偿系数的典型值[11,12]分别为 $a = 0.0025\,/°C$，$b = 0.0005\,(\text{W/m}^2)^{-1}$，$c = 0.00288\,/°C$。

当太阳光强为 S、太阳能电池温度为 T 时，首先根据式(2.23)～式(2.28)得出任意情况下 4 个技术参数的值。再根据式(2.22)计算出当前的串联电阻 R_S 的估算值，再将 R_S 的值代入式(2.20)、式(2.21)，得到 λ 和 I_0 的值。最后将 R_S、λ、I_0 代入式(2.17)即可得到任意太阳光强 S 和太阳能电池温度 T 下的太阳能电池工程简化模型[19,20]。

2.5 太阳能电池特性

太阳能电池单体尺寸一般为 4～100cm²，是光电转换的最小单元，大部分情况下不能单独作为电源使用[21]，将其封装成为太阳能电池组件可具有一定的防腐、防风、防雨能力。在特定的应用领域中，当单个太阳能电池组件的电压、电流不能满足需求时，可将多个太阳能电池组件进行串、并联组成太阳能电池阵列，得到需要的电压值和电流值[22]。而不同的串、并联组合方式会对太阳能的电压、电流、输出功率及使用寿命造成很大的影响，需要针对特定的应用进行特定的设计。

在太阳能电池进行串、并联使用时，可能会出现太阳能电池的失配现象，因为不同的太阳能电池组件的工作性能以及工作状态可能会有一定的差异。造成串、并联后太阳能电池的总输出功率可能会小于各个太阳能电池组件输出功率之和。在太阳能电池组件组成太阳能阵列时，出现失配现象是不可避免的。原因主要包括：太阳能电池组件被不同程度地遮挡(树、云层或者建筑物的阻碍造成的阴影等)，使照射到组件上面的太阳光的光强不同；光照不均匀以及温度变化；新旧电池或者不同规格的电池的混用；太阳能电池的损伤；太阳能电池的生产工艺造成每个太阳能电池组件不可能绝对一致[15]。

单晶硅太阳能电池在制造时会由于单体的差异存在 0.1%～1%的失配率，对于非晶硅太阳能电池则存在更显著的衰减现象，当一组非晶硅太阳能电池组件进行串、并联后，在实际使用过程中，个体差异会变得很大，失配现象更为严重。太阳能电池的失配可分为电压失配和电流失配。基于此，下面对柔性太阳能电池的串、并联特性进行分析。

2.5.1　电池串联特性

1. 太阳能电池组件串联后达到最大输出的条件

把两个单体太阳能电池进行串联，对其进行分析。串联后理论上能获得的最大功率为 $P_M = P_{m1} + P_{m2}$。这里只进行简单的分析计算来探讨串联达到的最大功率，因此采用式(2.16)来描述 I-V 关系，得到两个单体太阳能电池的电流方程分别为

$$I_i = I_{\text{ph}i} - I_{0i}\left\{\exp\left[\frac{q(V_i + I_i R_{Si})}{n_i k T_i}\right] - 1\right\}, \quad i = 1,2 \tag{2.29}$$

式(2.16)经过变换可以得到

$$V = \frac{nkT}{q}\ln\left(\frac{I_{\text{ph}} - I}{I_0} + 1\right) - I R_S \tag{2.30}$$

在串联电路中 $I_1 = I_2 = I$，又由方程：

$$P_i = V_i I = \frac{n_i kT}{q} I \ln\left(\frac{I_{\text{ph}} - I}{I_0} + 1\right) - I^2 R_S \tag{2.31}$$

当两个电池工作在最大功率点时：

$$\left.\frac{dP_i}{dI}\right|_{I=I_{mi}} = \frac{n_i kT}{q}\ln\left(\frac{I_{\text{ph}i} - I_{mi}}{I_{0i}} + 1\right) - \left(\frac{n_i kT I_{mi}}{q}\right)\Big/(I_{\text{ph}i} - I_{mi} - I_{0i}) - 2I_{mi} R_{Si} = 0 \tag{2.32}$$

$$\frac{d^2 P_i}{dI^2} = -\frac{n_i kT}{q(I_{\text{ph}i} - I + I_{0i})} - \frac{n_i kT(I_{\text{ph}i} + I_{0i})}{q(I_{\text{ph}i} - I + I_{0i})^2} - 2R_{Si} < 0 \tag{2.33}$$

因此对太阳能电池来说，最大功率点有且只有一个，当 $I > I_{mi}$ 时，$dP_i/dI|_{I=I_{mi}} < 0$；$I < I_{mi}$ 时，$dP_i/dI|_{I=I_{mi}} > 0$。

串联时总输出功率为

$$P = P_1 + P_2 = \frac{n_1 kT}{q} I \ln\left(\frac{I_{\text{ph}1} - I}{I_{01}} + 1\right) - I^2 R_{S1} + \frac{n_2 kT}{q} I \ln\left(\frac{I_{\text{ph}2} - I}{I_{02}} + 1\right) - I^2 R_{S2} \tag{2.34}$$

$$\left.\frac{dP}{dI}\right|_{I=I_M} = \frac{n_1 kT}{q}\ln\left(\frac{I_{\text{ph}1} - I_M}{I_{01}} + 1\right) - \left(\frac{n_1 kT I_M}{q}\right)\Big/(I_{\text{ph}1} - I_M - I_{01}) - 2I_M R_{S1}$$

$$+ \frac{n_2 kT}{q}\ln\left(\frac{I_{\text{ph}2} - I_M}{I_{02}} + 1\right) - \left(\frac{n_2 kT I_M}{q}\right)\Big/(I_{\text{ph}2} - I_M - I_{02}) - 2I_M R_{S2} = 0 \tag{2.35}$$

只有在以下两种情况下，式(2.35)成立。

(1) $\mathrm{d}P_1/\mathrm{d}I\,|_{I=I_\mathrm{M}}>0$，$\mathrm{d}P_2/\mathrm{d}I\,|_{I=I_\mathrm{M}}<0$ 或者 $\mathrm{d}P_1/\mathrm{d}I\,|_{I=I_\mathrm{M}}<0$，$\mathrm{d}P_2/\mathrm{d}I\,|_{I=I_\mathrm{M}}>0$。由此可以推出 $P_i<P_{\mathrm{m}i}$，此时 $I_{\mathrm{m}2}<I_\mathrm{M}<I_{\mathrm{m}1}$ 或者 $I_{\mathrm{m}1}<I_\mathrm{M}<I_{\mathrm{m}2}$。

(2) $\mathrm{d}P_1/\mathrm{d}I\,|_{I=I_\mathrm{M}}=0$，$\mathrm{d}P_2/\mathrm{d}I\,|_{I=I_\mathrm{M}}=0$。由此可以推出 $P_i=P_{\mathrm{m}i}$，$I_{\mathrm{m}1}=I_\mathrm{M}=I_{\mathrm{m}2}$。

根据分析，在串联太阳能电池电路中，只有当各个太阳能电池组件的最大功率点电流值相同的时候，才能获得太阳能电池阵列的理论最大输出功率。当各电池组件最大功率点电流值不相同的时候，串联的总最大输出功率为 $P_\mathrm{M}<P_{\mathrm{m}1}+P_{\mathrm{m}2}$。

2. 太阳能电池串联失配分析

当太阳能电池串联连接时，总的输出电流是所有电池输出电流的最小值，而总的输出电压为各个电池电压之和。由于输出电流由输出电流最低的太阳能电池决定，太阳能电池串联时的失配损耗要更加严重。当其中一个电池组件的电流小于其他电池组件时，整个串联阵列中其他电池的电流也将降低，从而使整个阵列的输出功率大大降低，效率损失非常明显。

如果在某些情况下，进行串联连接的太阳能阵列中有一部分太阳能电池组件受到遮挡，它们不但无法产生能量而且会消耗其他正常工作的太阳能电池所产生的能量，这些受到遮挡的太阳能电池组件作为负载会因消耗能量而产生热量，这种现象称为热斑效应。如果热斑效应产生的热量使太阳能电池的温度不断上升到一定程度，可能会使太阳能电池的栅线遭到破坏，从而使整个太阳能电池组件失去功效。据统计，热斑效应会造成太阳能电池组件的实际使用寿命减少至少十分之一[13]。

2.5.2　电池并联特性

在并联情况下推导达到最大功率的条件的方法与串联情况下有所不同，因为式(2.5)是电流 I 关于电压 V 的隐函数超越方程，无法进行 P 对 V 求导。采用 Lambert W 函数的表达形式也不能对推导起到很大的帮助。而在工程模型中，I 依然无法用 V 直接表达。

但可通过基础的物理原理推导出如下结论：在并联太阳能电池组件中，只有当各单体太阳能电池的最大功率点电压相等时才能获得理论上的最大输出功率。该结论与串联情况类似。

当太阳能电池组件并联连接时，需要输出的电压保持相同，输出电流就是并联的电池电流的总和。只要所有电池组件的开路电压高于该并联阵列的总工作电压，总的输出电流依然是各个电池组件电流之和。若太阳能电池单体的开路电压低于工作电压，那么该单体成为消耗能量的负载。通常对于并联连接的太阳能电池阵列串联防反二极管，来防止电流回流。一般来说，太阳能电池并联使用比串联使用时的失配损耗少。并联连接的失配损耗只会源于一部分太阳能电池组件没有工作在最大功率点。

　　综合考虑 2.5.1 节和本节的分析,太阳能电池组合阵列进行设计时,优先选择最大功率点电流值相近的组件进行串联连接,最大功率点电压值相近的组件进行并联连接,有助于减少失配损耗。在满足电压、电流要求,可以任意进行串、并联的条件下,优先考虑使用并联连接以应对太阳能电池组件部分遮阴的情况。

2.6　太阳能服装的设计与实现

2.6.1　供电系统框架设计

　　可穿戴太阳能供电系统(图 2.4)是一种能量收集系统,利用太阳能电池收集太阳能,并将多余的能量进行存储。供电系统的构成主要包括:柔性太阳能电池、控制器、储能元件、负载、其他辅助部分。各部分的技术性能不但需要达到设计要求,也要保持服装的特色尽可能地与服装达到契合。

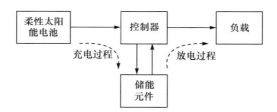

图 2.4　可穿戴太阳能供电系统结构

　　可穿戴太阳能供电系统的核心部件是柔性太阳能电池,通过柔性太阳能电池收集自然界中的太阳能,再将其转换为电能。使用导线将多片柔性太阳能电池组件进行连接,构成柔性太阳能电池阵列,并将其连接至控制器,在有光照的条件下可以随时将自然界中的太阳能转换为电能。对柔性太阳能电池进行可穿戴设计,将其布置于人的衣服上。

　　控制器作为中心控制系统,对太阳能供电系统进行控制。当负载所需能量少于柔性太阳能电池提供的能量时,柔性太阳能电池在给负载供应能量的同时给储能元件充电;而当柔性太阳能电池提供的能量不足以满足负载所需时,储能元件与柔性太阳能电池同时给负载供电。控制器中可包含 DC/DC 变换电路,用来实现最大功率跟踪控制,以提高柔性太阳能电池的输出功率。控制器的设计应追求小型化,便于携带。

　　可穿戴系统属于小功率系统,并不能获得很大的能量,而作为负载的设备也往往是人随身携带的功率较小的设备。因此可将负载设定为接口为 5V 的移动电子设备,未接入负载时,柔性太阳能电池收集的能量全部通过储能元件进行保存,在接通 5V 负载时，系统为负载充电。

2.6.2　系统的可穿戴设计分析

可穿戴太阳能供电系统打破了传统的充电模式，根据设计需要，其主要部件分布在人体各个部位，适合长时间无电能供给情况下应用，其主要特征包括以下几点。

(1) 易携带性。可穿戴太阳能系统为非传统结构，既简单又便于携带。

(2) 可穿戴性。可穿戴太阳能系统使柔性太阳能电池片成为人体衣服的一部分，轻便、简洁，人体和系统的协同一致性得以体现。

(3) 可持续性。长时间无电能供给情况下，可穿戴太阳能系统可以将源源不断的太阳能转换成人体各种携带设备所需要的电能。

(4) 易拆卸性。可拆卸和可换洗是可穿戴系统必须考虑的问题。例如，Infineon 与 Rosner 设计整合了 MP3、耳机、麦克风以及蓝牙等技术的 MP3 Blue 电子夹克，连缝在衣服上的按键都具有防水等功能，可以水洗。但是即使如此，衣服还是不能达到整体洗涤的要求。所以设计时必须保证可穿戴太阳能系统的非防水部件能够实现可拆卸、易拆卸、可安装、易安装等功能。

(5) 与人体的和谐性。可穿戴太阳能系统与人的身体密切相关，需考虑系统与人体的和谐性问题。为了实现最佳的设计效果，必须把人和系统当成一个整体来考虑，而不是分离的两个独立的系统。例如，产品应该和人体的特征相适应，让人从生理和心理方面均能感到舒适。产品的穿戴应该在最大价值上实现它的功效，无论在静止状态下还是移动状态下均能发挥很好的效果。

通过对穿戴部位和穿戴方式的研究，张红提出了在人体有效部位进行可穿戴设计时可供参考的六项原则[23]。

(1) 穿戴部位是比较固定的、不易活动的部位。

(2) 穿戴部位需要控制的部分在手指能够控制且方便控制的区域。

(3) 穿戴的方式合理可靠。

(4) 穿戴的部位和方式使穿戴的太阳能系统能够最大限度地发挥功效。

(5) 穿戴服装的方式以及部位符合社会大众的眼光。

(6) 穿戴的部位和方式于人体的行动无碍，并不会影响活动。

2.6.3　具体设计案例

1. 服装的选取

采用迷彩服作为实验服装，如图 2.5 所示，迷彩服的面料弹性、耐磨性、保暖性、吸湿、透湿、防水性能好，能够与太阳能电池很好地结合起来。

图 2.5　实验选用的迷彩服

2. 服装的结构

将太阳能电池作为发电组件与服装结合，设计一套可穿戴太阳能服装，由于人身体上不同的部位面积大小不同，而且表面平整度各异，所选用的太阳能电池板的大小形状也必须随人体部位进行相应的调整，选择最符合身体特征的太阳能电池。

现阶段一般都是利用固定裁片的太阳能电池片来进行组装，选取时应该进行受力分析，太阳能电池片既要尽可能放在多接触阳光的地方，又应该避开人体活动幅度较大的地方，如各种关节处。部件之间的布线也应避免妨碍身体的活动，所以尽量考虑在衣物内置线，并且应该设计成可拆卸式，便于洗涤。

针对可穿戴柔性太阳能电池元件较多且较复杂的特点，可考虑将其设计成多层的结构：外层是柔性太阳能电池片以及负载设备，中层则是柔性超级电容器以及控制装置和线路，内层则是衣物。可穿戴柔性太阳能系统的输出功率大小很大一部分取决于光照面积。人体的胸部和背部面积较大，且相对平整，受光照面积较大。人体运动对其形变的影响较小，因此，将胸部和背部作为柔性太阳能电池系统的主要分布区域。人体腿部近似圆柱形，其中腿部靠外的侧面表面相对平整而且活动较少，可以考虑安放面积较小的太阳能电池模块，并将其以阵列形式贴在大腿侧面，以增加整体的太阳能发电功率。

1) 胸背部太阳能服装设计

(1) 柔性太阳能电池片的结构。柔性太阳能电池的选取很关键，既要有较高的太阳能转换效率，又要具备良好的柔性，还需综合考虑重量、可靠性等要求。这里选择采用大连先端 XD0.85 型号的柔性太阳能电池。其 STC 下最大功率为 0.85W，尺寸为 263mm×92mm×1mm。根据该型号以及服装的大小，可以采用正面分布 4 片，背面分布 4 片的方式，将柔性太阳能电池片布置在上面。

系统易拆卸性的要求决定了柔性太阳能电池片不能简单地固定在衣物上，可设计成一整片太阳能电池板黏合在衣服上的形式达到可拆卸的目的。此外，如果柔性太阳能电池直接曝晒在太阳下，当人体处于潮湿的环境中或者出现下雨等情况时，柔性太阳能电池会受到损害，因此在该部分上覆盖一层透明的防水薄膜达到保护的作用。

可拆卸的柔性太阳能电池板不与衣服直接固定连接，是互相独立的。当需要使用的时候,可直接将其黏附在服装上达到固定的目的。固定的方式包括两部分:第一部分是可拆卸式柔性太阳能电池片组件的两侧分别设有一个塑料扣,该塑料扣的另一半在衣服上的对应位置,将该部分绑在身上时,将扣子直接对上即可;第二部分则是可拆卸式柔性太阳能电池背面的黏扣,这些黏扣分布较广并且比较均匀,使用时方便牢靠。

　　具体设计如图 2.6 和图 2.7 所示。

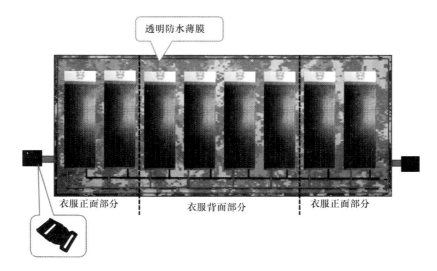

图 2.6　可拆卸式柔性太阳能电池片正面图

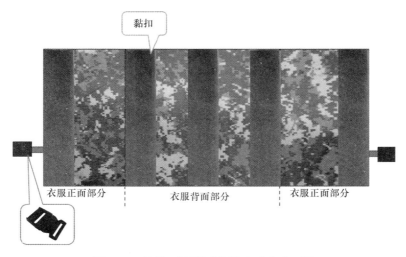

图 2.7　可拆卸式柔性太阳能电池片背面图

(2) 控制装置的结构。腰部易于活动和扭动，活动的频率较大，但腰部的曲线使它十分适宜绑定物品，因此腰部也是常见穿戴部位之一。将密封坚硬的控制装置的一部分置于腰部一侧的位置上，控制装置一端接柔性太阳能电池片的正负极进行控制，另一端接电容的正负极进行电量储存，同时设有一个通用串行总线(universal serial bus, USB)端口用于给负载进行充电。

在腰侧设计一个大小适当的兜，将控制装置放入其中，达到解决可拆卸性问题的目的。兜侧开有小孔用于连接线路，详细设计图如图2.8所示。

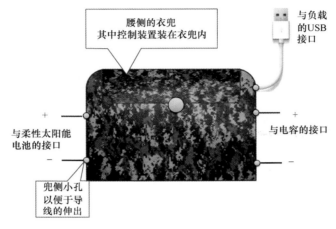

图 2.8　控制装置的可穿戴结构

(3) 柔性超级电容片的结构。在一般的小型携带式太阳能发电系统、移动电子产品中，都采用聚合物锂电池作为储能元件，然而锂电池具有温度范围窄、功率密度低、循环寿命短、价格高等一系列很难克服的缺点。而超级电容器作为一种新型的储能元件成本低、使用寿命长、功率密度大，或许是未来发展的趋势。目前对于超级电容器材料的研究越来越多，许多用在电池上的材料，被逐步用到了电容器电极上，超级电容器的能量密度和功率密度正在随着研究的不断深入而迅速提高，超级电容器能量密度低的缺点有望被克服。超级电容器是一种很有发展潜力的储能元件。

普通超级电容器只能如普通电池一样随身携带，柔性固态超级电容器的出现为可穿戴系统中储能元件的设计打开了新的思路。柔性固态超级电容器用柔性材料作为衬底，固态聚合物用作电解质，具有重量轻、柔性可卷折、十分安全的特点，同时它具有普通超级电容器制作工艺简单、成本较低、功率密度大、低温性能优越的优点。这种柔性储能元件可以织入纺织物中，制成可以储存能量的衣物或者作为可拆卸的柔性部件与衣物结合；也可以将柔性固态超级电容器直接与柔性太阳能电池相结合，贴合在柔性太阳能电池背面，使俘能元件与储能元件形成一体化系统，再统一进行可穿戴设计。

　　但是目前柔性固态超级电容器的研究还主要集中于实验室阶段，距离实际商业化还有一段较长的路要走。当柔性固态超级电容器有重大突破或发展时，本系统中能够较为容易地用柔性固态超级电容器代替普通超级电容器作为系统中的储能元件，实现更加轻便的可穿戴系统。柔性超级电容器的出现对于可穿戴系统储能元件来说将是一个翻天覆地的变化，它真正实现了储能元件的可穿戴概念。在柔性超级电容器得到迅速发展的将来，可穿戴系统将会变得更加完美。

　　(4) 负载的分布。负载的分布根据负载的类型而定，主要方式有黏合、捆绑、袋装等形式。若负载是手机或者 MP3 等短时且较小的设备，则可选择在控制装置附近安装一个口袋，直接将负载装入即可；如果负载是传感器这类长时使用的设备，则可以将其固定在某个合适的位置。固定方式应该简单牢靠，并且易于拆卸，同时不能影响人的活动，总而言之，应该遵循上面提出的人体的有效部位进行可穿戴设计时供参考的六项原则。如果是较大的设备，如笔记本电脑等，则应该考虑将其装入背包内；如果是其他的可穿戴设备，如可穿戴计算机、可穿戴扫描镜等，则在不冲突的情况下进行穿戴以及简单连接即可。

　　(5) 线路的分布。线路的布置应尽可能简单并且不能对用户行为产生阻碍，因此设计线路不能绕过人体服装的前面拉链处。线路的连接应该尽可能在人体的服装的腰部右侧，这样最能符合人体的使用原则，简单而方便。线路也应该便于拆卸。线路应该隐藏在衣服内侧，不能影响衣物的美观。同时应该具有耐用性、可靠性、不漏电性等性能，以保证系统寿命长久，因此将线路简单进行塑封，并且保证线路最短最优。设计的线路如图 2.9 所示。

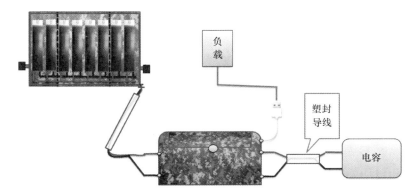

图 2.9　可穿戴太阳能服装线路简易分布图

2) 腿部太阳能服装设计

腿部外侧垂直地面方向可安放体积较小的太阳能电池，选用 WGN40X40 型太阳能电池,该电池长 4cm,宽 4cm,人体每条腿可安放 12 片该类型的太阳能电池,由于腿部的膝关节需要活动,在膝盖处不能安放相关的组件,所以 12 片太阳能电池的具体布局安排为大腿处 8 片,小腿处 4 片,中间通过电气接头相连。

　　通过测量参数可以得到单片太阳能电池的输出开路电压为 2.42V,短路电流为 102.4mA。以 8 片太阳能电池为单位,通过实验找出腿部太阳能发电组件功率最大的串、并联方法,具体实验是在相同的太阳光(图 2.10)下测试不同串、并联的太阳能电池阵列的开路电压和短路电流,根据开路电压和短路电流得出太阳能电池阵列的内阻后,按最大功率匹配计算得出最大功率。本研究团队主要进行了3 种连接方式的实验:8 片串联(图 2.11)、4-4 并联(图 2.12)、两两并联(图 2.13)。实验数据如表 2.1 所示。由于单片太阳能电池的输出电压过低,所以放弃了实验 8 片并联的情况。

图 2.10　太阳能阵列实验图

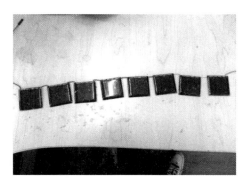

图 2.11　8 片串联

图 2.12　4-4 并联

图 2.13　两两并联

表 2.1　太阳能电池阵列实验数据

状态	开路电压/V	短路电流/mA	最大功率/mW
单片	2.42	102.6	62.073
8 片串联	19.40	83.7	405.945
4-4 并联	9.64	198.1	477.421
两两并联	4.70	380.0	446.5

　　由图 2.14 可得到 4-4 并联为最佳接线方式,因此腿部 24 片太阳能电池分为 6 组,大腿侧 2 组,小腿侧 1 组,以 4 片为一个单位并联。腿部的太阳能发电组件实际效果图如图 2.15、图 2.16 所示。

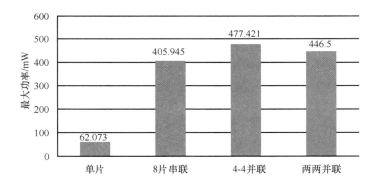

图 2.14　太阳能阵列最大功率统计图

图 2.15　腿部太阳能发电组件实际效果图

图 2.16　腿部太阳能发电组件与服装结合的
实际效果

2.7　可穿戴太阳能发展现状

太阳能是清洁能源，发展潜力巨大。由于薄膜太阳能电池制造过程环保，整体轻量化，发电性能强，在柔性衬底上制作的电池工作环境适应能力强，耐用性好且成本低，成为未来太阳能技术的重点发展方向之一。帐篷、服装、玩具等日常生活用品也可以采用薄膜太阳能电池。

可穿戴太阳能服装近年来发展迅速，国内外的研发设计机构均有较多的实物成果。荷兰设计师鲍利安设计了一款测试版太阳能服装，柔性太阳能电池与服装结合的面料可为用户的移动设备提供电力，光照条件适宜充足时，可以在两小时内为智能手机充满电。在 2007 年，美国纽约大学研究生 Andrew Schneider 用导电纤维将许多 1in①和 4in 的光伏薄膜条板缝在一起制成太阳能比基尼，衣服没有设计储能装置，直接将 5V 的电压进行能量传输。比基尼并非虚名，女性可以穿着它游泳，上岸后将泳衣晒干便能为移动设备充电[2]。在 2014 年，著名时装品牌 Tommy Hilfiger 推出了如图 2.17 所示的太阳能夹克，这套服装分为男式和女式两款，在满足为移动设备充电的同时，保证了服装的美观性。

太阳能服装不仅能与运动服装结合，为移动设备充电，还能运用到日常生活中，会有更大的发展前景。2009 年，马东申请了一种带有太阳能自动充电和 MP3/FM 功能的太阳帽的专利，主要由柔性非晶硅薄膜太阳能电池板、MP3/FM 音乐播放和调频收音解码及控制、耳机组成。该太阳帽既可在炎炎夏日为佩戴者遮阴避暑，又可利用太阳能供能欣赏音乐与广播节目，时尚新潮且操作简便。2017 年，国内研究人员沈雷提出将柔性太阳能电池、碳纤维 USB 发热膜、多功能 USB 插口结合在一起制作出功能性老年人保暖服装。利用柔性太阳能发电片，将太阳能转化为电能，既可为外接设备充电，又可为发热片供能，将发热片置于腹部夹层内可以起到理疗与保暖的功效，满足老年人冬季户外保暖的需求[24]。同年，国内还提出了智能太阳能环卫服的设计，基于环卫工人所处的特殊环境，内置微型轻便的 USB 风扇用以降温和近场通信(near field communication, NFC)芯片优化考勤，既满足环卫工人多维度的需求，又提高了太阳能的利用率[25]。

图 2.17　太阳能夹克背面图

资料来源：https://www.energytrend.com.tw/new/20141201-9991.html.

---

① 1in=2.54cm。

　　太阳能服装的发展离不开太阳能电池材料的研发，英国研究人员戴维等开发出太阳能衣服，它的关键材料是太阳能吸收纤维。这是一种含有碳化锆的合成纤维，其特点是在阳光照射下能吸收太阳能并储存起来，然后转变成热能，慢慢释放出来。特别适合在高寒、干燥、露天工作的环境中使用，而且海拔越高，光照越强，它产生的热量越大，刚好满足人们寒冷时保持体温的需要。在柔性可穿戴太阳能电池材料方面，中国科学院宋延林课题组通过纳米组装-印刷方式制备了蜂巢状纳米支架，所制备的柔性钙钛矿太阳能电池光电转换效率大幅提高，达12.32%，力学稳定性也有很大改善，耐弯折性表现优异[26]。

2.8　小　　结

　　本章介绍了可穿戴太阳能系统的设计，使读者对其建立一个整体的认知。首先对可穿戴太阳能系统中最为关键的柔性太阳能电池板的材料进行概括性的介绍，然后，在太阳能电池工作原理的基础上，根据理论与工程情况，对太阳能电池进行了建模分析，并得出太阳能电池的串联、并联特性。最后，以理论原理为基础，进行了实际的可穿戴太阳能服装的设计，总结了国内外可穿戴太阳能的发展现状。

参 考 文 献

[1] 李娅莉, 赵欲晓, 苏建梅, 等. 柔性太阳能电池在服装领域的应用. 上海纺织科技, 2013, 41(2): 1-4.

[2] 孟秀丽. 太阳能服装的应用现状. 纺织导报, 2011(7): 102-103.

[3] Energy Trend-集邦新能源网. 单晶硅、多晶硅、非晶硅三种太阳能电池介绍. [2018-07-30]. https://www.energytrend.cn/knowledge/20180330-27424.html.

[4] 赵庚申. 柔性衬底非晶硅太阳电池. 太阳能, 2003(01): 29-30.

[5] 曾祥斌, 伯芳, 王慧娟, 等. 一种柔性非晶硅薄膜太阳电池的制备方法: 101431127. 2009-05-13.

[6] 林红, 李鑫, 刘忆翯, 等. 太阳能电池发展的新概念和新方向. 稀有金属材料与工程, 2009, 38(S2): 722-725.

[7] 陆刚. 绿色太阳能电池. 资源与人居环境, 2013(01): 35-37.

[8] Gregg A, Blieden R, Chang A, et al. Performance analysis of large scale,amorphous silicon, photovoltaic power systems. Photovoltaic Specialists Conference, Lake Buena Vista, 2005: 1615-1618.

[9] 周丽华, 刘成, 叶晓军, 等. 柔性衬底微晶硅薄膜太阳电池研究. 太阳能学报, 2011(10): 1436-1439.

[10] 李明慧, 李国庆, 王鹤, 等. 微电网建模及并网控制仿真. 低压电器, 2012(08): 27-31.

[11] 孙园园, 肖华锋, 谢少军. 太阳能电池工程简化模型的参数求取和验证. 电力电子技术, 2009

(06): 44-46.

[12] Singer S, Rozenshtein B, Surazi S. Characterization of PV array output using a small number of measured parameters. Solar Energy, 1984, 32(5):603-607.

[13] 周华. 独立光伏发电系统阵列模型和 MPPT 算法研究. 重庆: 重庆大学, 2012.

[14] 翟载腾. 任意条件下光伏阵列的输出性能预测. 合肥: 中国科学技术大学, 2008.

[15] 王艾. 太阳电池遮挡下输出特性及 MPPT 算法研究. 合肥: 合肥工业大学, 2011.

[16] 邱纯. 任意辐照度与温度条件下光伏系统输出特性建模. 武汉: 华中科技大学, 2011.

[17] 廖志凌, 刘国海, 梅从立. 一种改进的硅太阳能电池非线性工程数学模型. 江苏大学学报 (自然科学版), 2010(04): 442-446.

[18] 廖志凌, 阮新波. 太阳能电池工程简化数学模型的研究. 电力电子与运动控制学术年会. 南京, 2007.

[19] 樊欣宇. 可穿戴太阳能供电系统研究与设计. 北京: 北京理工大学, 2013.

[20] 李凤梅. 柔性太阳能电池建模与能量转换控制方法研究. 北京: 北京理工大学, 2013.

[21] 冯乾, 张岚. 智能户用光伏发电系统的设计及应用. 云南电业, 2009(05): 41-42.

[22] 马一鸣. 太阳能光伏发电的应用技术. 沈阳工程学院学报(自然科学版), 2008(04): 301-305.

[23] 张红. 可穿戴产品的概念开发及提案. 上海: 东华大学, 2007.

[24] 沈雷, 任祥放, 刘皆希, 等. 保暖充电老年服装的设计与开发. 纺织学报, 2017, 38(04): 103-108.

[25] 任祥放, 沈雷, 宁亚南. 一种智能环卫服的设计研究. 包装工程, 2017, 38(14): 164-168.

[26] 佚名. 柔性可穿戴太阳能电池. 纺织装饰科技, 2018(01): 22.

第3章 可穿戴热能系统

3.1 引　言

随着电子信息技术的发展，可穿戴设备以及其他移动电子设备的供电问题成为其发展瓶颈。目前利用传统电池供电是主流，需要频繁充电和更换电池，而且带来严重的环境污染，所以人们不断地探索可持续清洁能源来替代电池。相比太阳能、风能这些运用比较广泛的能源，热能还不是太普及，主要是由于热电技术的一些缺陷，如热电转换效率低、工作寿命短、制造成本较高等。但是随着对热电材料的研究，热电技术得到了明显的改进，目前市场上已经流行有陶瓷温差发电片(thermoelectric generator, TEG)，这些温差发电片一面是热端，一面是冷端，只要这两面有温差，这些发电片便能产生电能，另外这些温差发电片体积较小，一般表面积只有4cm×4cm，而且厚度只有4mm左右，与服装结合非常方便。利用人体的体温与外界冷源的温差，使人体热能发电成为可能。本章详细地介绍利用人体热能来发电并设计可用的可穿戴温差发电设备,将其融入平时的服装当中,以及采用柔性超级电容器来存储电能,实现可再生清洁能源与可穿戴设备的结合。

3.2 热能发电原理

温差发电工作原理是基于泽贝克效应，将热能转化为电能。当一对温差电偶的两个接头处于不同温度时，电偶两端就有一定电压差ΔV。如图 3.1 所示，由金属 A、B 接成的热电偶在两个接点处保持不同的温度 T 和 $T+\Delta T$，实验发现，回路中两接点处将产生电势差，且与两接点处的温度差 ΔT 成正比，即

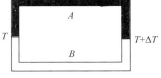

图 3.1　泽贝克效应示意图

$$\Delta V = \varepsilon_{AB}\Delta T \tag{3.1}$$

式中，ε_{AB} 称为温差电动势系数，即泽贝克系数，其单位是 V/K 或 μV/K，它与材料及温度有关。

虽然热电材料的性能受泽贝克系数的影响非常大，但热电材料的电导率、热导率等诸多因素也对其性能有一定影响。材料的优值(Z)是最常用的一个参数，其

表示为

$$Z = \varepsilon_{AB}\sigma / k \qquad (3.2)$$

式中，ε_{AB} 是泽贝克系数；σ 是电导率；k 是热导率。除此之外，优值(Z)没有单位，是表征热电材料性能最常用的物理量。表 3.1 为常见材料的泽贝克系数。

表 3.1　常见材料的泽贝克系数

材料	泽贝克系数(P 型)	泽贝克系数(N 型)
Bi_2Te_3	260	−270
Sb_2Te_3	133	—
Bi_2Se_3	—	−77
PoTe	380	−320
$Si_{0.80}Ge_{0.20}$	540	—
B_4C	250	—

资料来源：https://wenku.baidu.com/view/7ba2f3a4284ac850ad02426e.html.

　　由于一个 P-N 结构成的温差发电器在一般温差下产生的电动势非常微弱，现有电力电子技术难以对其加以利用。我们一般将温差发电电偶串、并联后以温差发电阵列的形式输出，结果温差发电的功率大为提高，这就是温差发电片的原理。如图 3.2 所示，温差发电片由许多个 P-N 结构成，如果我们在温差发电片的热端和冷端分别保持温差，单个 P-N 结输出功率很微弱，但由多个 P-N 结构成的温差发电片便可以输出稳定的电压，成为一个温差发电机。

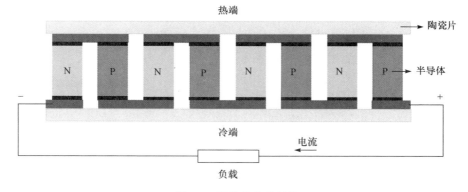

图 3.2　温差发电片结构

　　根据温差热能发电原理，本研究团队提出了温差发电水壶、温差发电瓶胆[1,2]等应用，下面详细介绍温差发电与可穿戴结合的可穿戴热能的设计与实现。

3.3 可穿戴热能的设计与实现

3.3.1 单个温差发电模块结合人体

由于温差发电模块的热端只有与人体相接触才能将人体的热能转换为电能，如果接触得不牢则会影响发电效率。酷爱运动的人往往会在运动时佩戴运动装备，如护腕、护腿以及头带，这些运动装备不仅具有很好的弹性，而且可以很好地保护相应的关节。将这些运动装备作为温差发电模块的服装载体设计一套可穿戴温差发电装置，不仅能将温差发电模块的热端与皮肤紧贴，而且外形上保持时尚运动装备的美观性，更容易被人们接受。如图 3.3 所示，本研究团队采用护腕、护腿以及头带设计可穿戴温差发电装置，同时分别探究手腕背部、小腿外侧面、前额和后脑四个部位的温差发电模块发电效率。这 4 处人体部位表面平坦，适合收集人体热能。温差发电模块规格为 40mm×40mm×3mm，199 对热电偶，散热器规格为 40mm×40mm×11mm。Leonov 在论文中的实验结果表明[3]，手腕内部也就是桡动脉上方的部位发电效果最好。考虑到手腕处最脆弱的是尺骨，如果将温差发电模块置于手腕内部，护腕所起的保护关节作用便会大大下降，手腕在运动时便容易受伤，所以本节只考虑温差发电模块在手腕背面的情况，就像人们平时佩戴手表一样。

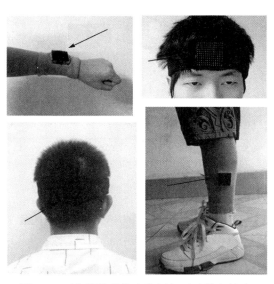

图 3.3 可穿戴温差发电装置与运动装备结合

在进行温差发电模块实验之前，在实验室内对图 3.3 的四个人体部位的温度分布进行分析，并从中大致估计四个部位的发电效率。图 3.4 展示了环境温度与皮肤温度的关系，人体皮肤的温度取决于所选的位置和环境温度，另外，是否有服装覆盖都会有所影响。本研究团队利用 K 型热电偶温度计测量皮肤温度，当环境温度在 20℃以上时，四个部位的皮肤温度都在 30℃以上。随着温度的上升，部位差异变小，各个部位逐渐接近人体核心温度，但是在低温区，各个部位显示出明显的差异。在四个部位中，头部温度高于腿部和手腕的温度，后脑的温度是最高的，由于有头发的覆盖，也是最稳定的，几乎都在 32℃以上。但是受制于头发的阻挡，发电效率便大打折扣，小腿处存有丰富的脂肪，使其维持体温的能力高于手腕，而且随着温度的下降，差异越来越大。皮肤温度与局部血流量密切相关，在寒冷的环境下，交感神经兴奋，皮肤血管紧张性增高，血流量减少，尤其是手部的温度，显著降低，从 30℃骤降至 28℃以下。但是在实验中，皮肤温度并不能准确反映该部位的发电效率，因为与温差发电模块接触后由于热传导，温差发电模块所覆盖区域的皮肤温度会有一定幅度的下降，尤其在低温时幅度更加明显，所以在相同的环境下，人体组织内部的产热和散热机理是关键[4]。

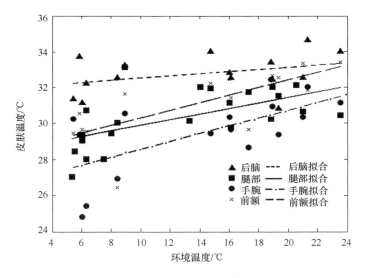

图 3.4　皮肤温度随环境温度变化示意图

通过实验探究各个部位的热流密度和功率与环境温度的关系，采用图 3.3 所设计的温差发电模块，待温差发电模块工作稳定后，测量出开路电压、内阻以及采用 K 型热电偶测温仪测量温差发电模块热端的温度求出热流密度 Q 和功率最大值 P。图 3.5 展示了热流密度与环境温度的关系，图中的线条是多项式拟合的结果，前额的数据与手腕相近，但略高于手腕。为了避免重复，在图中只放三个部位的数据。从图中我们可以看到随着环境温度的上升，三个部位的热流密度均呈现下降趋势，环境温度的上升给温差发电模块带来最明显的变化便是热端和冷端的温差减小，电压变小直接导致热流密度的减小。与皮肤温度的变化类似，在温度较高时，各个部位热流密度之间的差异减小，而在低温区，各部位间存在一定的差距。在图 3.4 中，后脑的温度是最高的，但是由于头发的遮挡，热流密度大为减小，发电效率不如其他部位。当环境温度在 20℃以下时，腿部温度不如头部，但是热流密度却是最高的，腿部温差发电模块所在的部位为腓肠肌，属于全身骨骼肌的一部分，在寒冷的环境中由于散热量的增加，人体通过战栗产热来维持热平衡，战栗就是指骨骼肌发生不随意的节律性收缩。此时肌肉收缩不做外功，能量全部转换为热量，可使人体代谢率增加 4～5 倍，产热明显增多，也使腿部的热流密度在低温时可以保持最高。当环境温度在 20℃以上时，手腕与前额的热流密度稍微高于腿部，手腕处的毛细血管相对丰富，代谢速率较为旺盛，产热较高，使其保持温度的能力高于腿部。

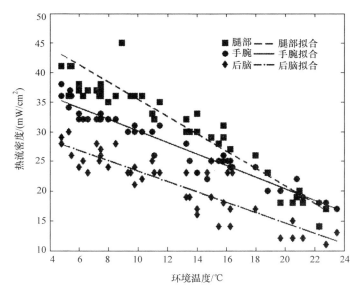

图 3.5　热流密度与环境温度的关系

但热流密度仅仅是与开路电压成正比，真正的输出功率还应考虑内阻的因素，因此采用电学模型得到温差发电模块的最大功率。图 3.6 显示，采用相同的温差发电模块时，热流密度与最大功率的趋势几乎一致，内阻所起的作用并不明显。

再来探究人体热电阻的具体情况，仍然采用 K 型热电偶测量温差发电模块热端温度计算出人体热电阻的阻值。在实验中，我们发现温差发电模块热端温度相比图 3.4 的皮肤温度均有一定幅度的下降，这也说明人体皮肤温度可以用来估计相应部位大致的发电效率，但不是唯一决定因素。假设人体核心温度与温差发电模块热端温度的差值不变，那么热电阻和热流密度成正比，所以热流密度越大，热电阻应该越小，表 3.2 是四个部位的热电阻平均值，在 20℃ 以下时，后脑由于头发的阻挡，热电阻接近于腿部的 2 倍，腿部热电阻在 20℃ 以上时接近于 20℃ 以下时的 2 倍，而手腕在 20℃ 以下的热电阻比 20℃ 以上的略高。

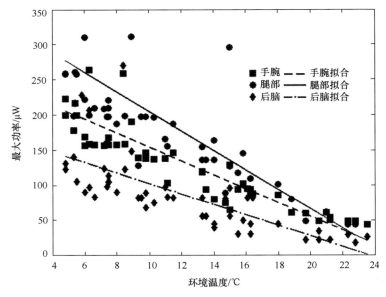

图 3.6　最大功率与环境温度的关系

综上分析，本实验所选的四个部位中，低温时腿部发电效率最高，20℃ 以上时手腕和前额发电效率超过腿部，而后脑则由于头发的阻挡，发电效率最低。

表 3.2　人体四个部位热电阻示意图

部位	20℃ 以下	20～25℃
腿部	275.95Ω	406.72Ω
手腕	367Ω	353Ω
前额	296.78Ω	
后脑	430Ω	

注：前额和后脑在两种情况下测得的电阻值几乎没有变化，可以认为是一样的。

3.3.2　运动下的温差发电模块供能

3.3.1 节的实验均是在人体静止时进行的，但是本研究团队设计的温差穿戴能源系统将温差发电模块与运动装备相结合，这就必须考虑人体在运动时的温差发电模块发电效果。运动时人体代谢率上升，产热增加，皮肤温度会有上升，另外在室外运动时风也是一个不能忽略的因素。通过在室内和室外分别测试运动时温差发电模块的发电效果，这里采用控制变量法对图 3.3 中前额部位的温差发电模块进行实验探究。

实验(1)：风对温差发电模块的影响分析。实验员在室内以 2.4m/s 的风速朝温差发电模块吹风加速散热，室内温度为 23.5℃，由于环境温度相对较高，受此影响，温差发电模块发电效率不是很高。图 3.7 为实验结果，从图中可以看出有风吹的情况下，电压是正常的 2 倍多，电阻比正常情况下略有下降，最明显的是功率，吹风条件下约为正常情况下的 6 倍，发电效果大大提升。所以风对温差发电模块的发电效果影响很大。

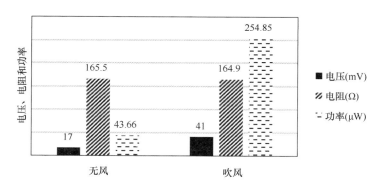

图 3.7　有风和无风条件下的实验对比

实验(2)：人体运动对温差发电模块的影响分析。测试者在室内跑步机上以 3.5m/s 的速度进行运动，室内温度 22.8℃，图 3.8 为实验结果，在跑步时显示温差发电模块的电压和电阻都比静止情况下略有上升，跑步时的功率约为静止时的

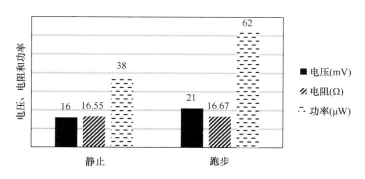

图 3.8　静止状态下与跑步状态下的对比

1.6 倍，所以跑步状态可以提升温差发电模块的发电效率，但是对比风的影响，人体运动对温差发电模块的发电效率的影响程度显然没有风的影响大。

实验(3)：室外综合实验。测试者从室内静坐到室外运动最后返回室内，每隔一分钟测试一次数据，为了使实验效果明显，选取在冬天进行实验。图 3.9 显示了实时测试的功率点数据，整体图形形状接近抛物线。在室内的时候温差较小，功率维持在一个较低的水平，当人从室内走出时，由于环境温度的下降，温差上升导致功率的升高，第③阶段当测试者在室外跑步时由于存在风的因素加上人体代谢增加而且是逆风跑步，功率急剧上升到了最高水平，中间出现功率下降是由于顺风跑步，散热作用减小，而后又是逆风跑步，功率再次回到最高水平，在休息时由于风速的暂停以及人体代谢的降低，功率急剧下降，而后出现功率浮动。

在第③阶段出现的功率变化主要是风的间歇性引起的，第④阶段和第⑤、⑥阶段走回室内以及在室内静坐的功率变化几乎与之前的第①阶段和第②阶段一致。

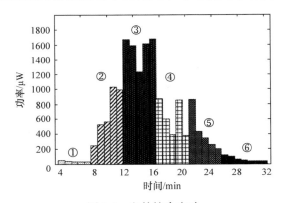

图 3.9　室外综合实验

3.3.3　多个温差发电模块结合人体

3.3.1 节和 3.3.2 节都是基于单片温差发电模块进行实验的，通过实验分析可以得出结论，单片温差发电模块的效率相对较低。我们研究团队就多片温差发电模块进行发电功率实验，采取将多片温差发电模块串、并联后形成温差发电模块发电阵列，并选用运动紧身衣作为多片温差发电模块的载体。运动紧身衣与 Leonov 采用的衬衫[3]相比有极大的优越性。首先运动紧身衣能将温差发电模块与皮肤紧密贴合，而衬衫一般以宽松为特点，使温差发电模块不能和皮肤贴紧，再者运动紧身衣具有良好的保暖性能，在冬天也不会感到太冷。

在温差发电阵列工作时，阵列中的各个温差发电模块工作状态各异，造成整体的输出功率小于单个温差发电模块输出功率之和，该现象便是"失配"现象。出现失配现象不可避免，具体原因包括人体体表温度分布不均、温差发电模块与人体结合的程度不一导致热端和冷端的温差不同，这些都能导致"失配"现象的产生。所以在实验中应尽可能减少"失配"现象的影响。

与单片温差发电模块和服装结合类似，在进行实验之前，先分析皮肤温度的分布趋势。图 3.10(a)给出了人体上半身的红外扫描图，由于上半身有衣服覆盖，我们默认温度变化不大，在选取位置时保证皮肤温度尽可能一致以减小"失配"现象的影响。从图中可以看出双肩部和腹部温度明显较高，但是锁骨的存在一方面使温差发电模块与皮肤接触不牢，另一方面使人感到不适，所以双肩部并不适合作为温差发电模块的放置位置。腹部与肩部相比，平坦而且温度高，是温差发电模块放置的合适位置。胸部中央温度同样相对较高，而且相对平坦。这两处位置皮肤温度几乎一致，又能使温差发电模块与皮肤贴紧。所以选取腹部和胸部中央作为温差发电模块的实验位置。图 3.10(b)为实际温差发电模块与运动紧身衣结合的效果图，最后采用 4 片温差发电模块，其中 1 片在胸部中央，3 片在腹部，每片温差发电模块的冷端均附有散热器，尽可能使每片温差发电模块保持相同的工作状态。

多片温差发电模块的连接方式有串联、并联以及网状连接三种方式。不管温差发电模块采用何种方式连接，最终都能转化为电压电阻的等效电路。笔者对图 3.10(b)的温差发电模块运动紧身衣进行一系列的实验，主要测试温差发电模块连接方式在不同环境温度下的效果，表 3.3 展示了 3 组不同环境温度下的温差发电模块测试数据，实验结果展示采用三种连接方式的温差发电模块阵列功率几乎相同，电压比约为 1∶2∶4，电阻比约为 1∶4∶16。结果也证明了温差发电模块运动紧身衣的温差发电模块阵列将"失配"现象的影响降到了最低。

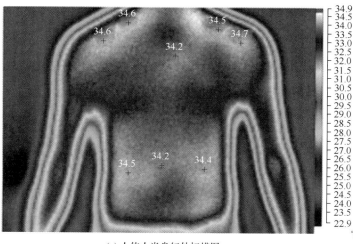

(a) 人体上半身红外扫描图

(b) 温差发电模块与服装的结合图

图 3.10　人体上半身红外扫描图和温差发电模块与服装的结合图(见彩图)

表 3.3　多片温差发电模块测试实验

实验	连接方式	电压/mV	电阻/Ω	功率/μW
实验 1 环境温度：3.1℃	4 片并联	40	0.422	948
	2-2 并联	80	1.683	951
	4 片串联	165	6.76	1007
实验 2 环境温度：8.9℃	4 片并联	38	0.423	853
	2-2 并联	73	1.698	785
	4 片串联	152	6.81	848
实验 3 环境温度： 17.1℃	4 片并联	16	0.434	147
	2-2 并联	32	1.727	148
	4 片串联	65	6.9	153

　　另外，我们研究团队还采用柔性印制电路板(printed circuit board，PCB)作为温差发电组件的载体，柔性 PCB 为温差发电模块提供了柔韧性，能更好地与服装结合，提高了服装的舒适性。以 5 片温差发电模块串联构成一个柔性温差发电组件单元，如图 3.11 所示，方便用户拆卸，一旦服装出现污迹，用户可以轻松换洗，如图 3.11 所示。

　　温差发电组件的实际位置用虚线标出，实际效果图如图 3.12 和图 3.13 所示。

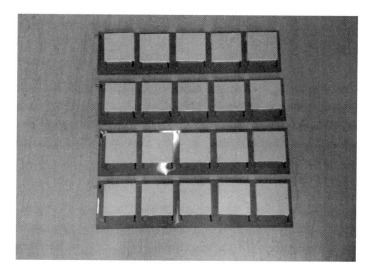

图 3.11　柔性温差发电组件实物图(共 4 个单元)

图 3.12　正面图　　　　　　　　　　图 3.13　背面图

　　这里必须考虑一个问题：舒适性，由于这些温差发电模块棱角分明以及线路的缘故，如果人体紧贴着这些温差发电模块，因为其与皮肤摩擦，会让用户感到非常不适。提出的解决办法是在温差发电模块的热端一面整体铺上一层塑料薄膜，塑料薄膜厚度极低，对能量的损耗基本不计。此举有两个优点，一是减小了温差发电组件与皮肤的摩擦，服装的舒适性大为提高；二是对温差子系统起到隔绝的作用，防止由用户运动出汗而带来的线路短路问题，具体实际效果图如图 3.14 和图 3.15 所示。

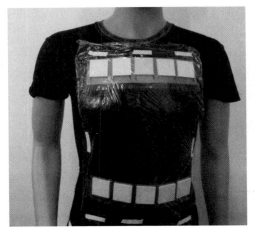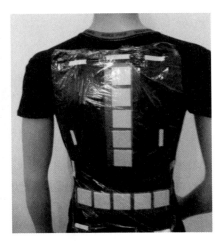

　　　图 3.14　正面里层布局效果图　　　　　　图 3.15　背部里层布局效果图

3.4　结合柔性超级电容器的可穿戴热能存储

　　为了将温差发电模块的电能进行存储，这里引入柔性超级电容器。柔性超级电容器的电能存储特性与普通电容器一致。我们研究团队所采用的电容器具体特性详见文献[5]。图 3.16 展示了柔性超级电容器与服装的结合效果，方框处为柔性超级电容器。温差发电模块阵列的正负极分别接在柔性超级电容器的两面，所以柔性超级电容器的电压与温差发电模块阵列的开路电压相等。其中相比于电池和普通的超级电容器，柔性超级电容器便携性好、充电速度快、体积小、无电解液泄漏、更加安全可靠和环保，并且本身所具有的柔韧性更适合与服装结合，在可穿戴设备中具有很好的应用前景。本实验采用柔性超级电容器作为储能元件来存储温差发电模块的能量，为了实验效果更明显，采用 4 片温差发电模块串联的方式在不同环境温度下进行柔性超级电容器充电实验，图 3.17 展示了柔性超级电容器的充电曲线图。从图中可以看出，柔性超级电容器的充电速度非常快，只经过 3min 超级电容器电压就维持在温差发电模块的电压附近，说明充电效果十分不错[6]。

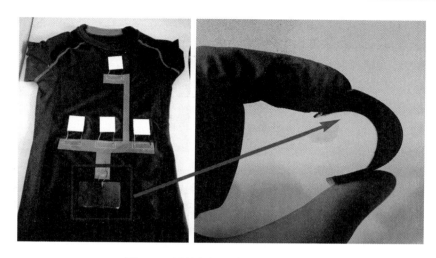

图 3.16 柔性超级电容器与服装结合

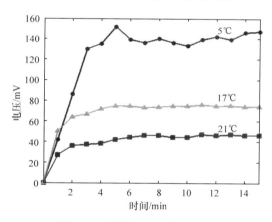

图 3.17 柔性超级电容器充电

3.5 可穿戴热能发展现状

可穿戴温差发电装置发展至今已经有相当多的产品成果。在发展初期,它们大部分发电效率和外观都不是很实用,并且在能量存储上缺乏有效的载体,与实际应用有一段距离。随着温差发电模块制作工艺的不断进步以及材料的不断发展、控制技术的不断成熟,越来越多轻便、功率理想的可穿戴热能发电系统得到了发展。Leonov 在可穿戴温差发电装置上对 TEG 本身做了不少工作[3,7,8],但有些影响因素并未考虑。2014 年,Kim 等设计并制造了一种新型网状结构的柔性温差发电器,该温差发电器尺寸为 6mm×25mm。当温差为 15K 时,输出功率可以达到

224nW[9]。2016 年，Lu 等制造了一种可穿戴的纺织型温差发电器。实验表明，在温差为 5～35K 时，最大输出电压达到 10mV，而且经 100 次弯曲和扭转，温差发电器的输出性能基本不发生改变[9]。人体作为可以直接充当热源的载体，可以为温差发电模块提供稳定的发电环境，可穿戴热能系统在未来将很有发展潜力。

3.6 小   结

本章将温差发电模块与时尚运动装备相结合并采用柔性超级电容器作为储能器件，实现温差发电设备的可穿戴设计。可穿戴温差发电装置外观与普通服装并无太大区别，在实验过程中测试者也没有不舒适性。随着实验的进行，可穿戴温差发电可以提供稳定的电力输出。随着移动设备尤其是无线传感器的功率不断降低，未来传感器的功耗会接近 0.1mW，相比普通电池，可穿戴温差发电装置的轻便性和持续性将使其占据绝对优势。

参 考 文 献

[1] Li Y, Deng F. Modeling and simulation of thermoelectric power generation system based on finite element method. Conference on Computational Complexity, Nanjing, 2014:6388-6393.

[2] Xie W, Huang G, Zhang X, et al. A maximum power point tracking controller for thermoelectric generators. Chinese Control Conference, Dalian, 2017:9079-9084.

[3] Leonov V. Thermoelectric energy harvesting of human body heat for wearable sensors. IEEE Sensors Journal, 2013, 13(6): 2284-2291.

[4] Zhu D N, Wang T K. Physiology. Beijing: People's Medical Publishing House (PMPH), 2013.

[5] Wang L, Feng X, Ren L, et al. Flexible solid-state supercapacitor based on a metal-organic framework interwoven by electrochemically-deposited PANI. Journal of the American Chemical Society, 2015, 137(15): 4920-4923.

[6] Deng F, Qiu H B, Chen J, et al.Wearable thermoelectric power generators combined with flexible super capacitor for low-power human diagnosis devices. IEEE Transactions on Industrial Electronics, 2017, 64(2): 1477-1485.

[7] Leonov V, Vullers R J M. Wearable thermoelectric generators for body-powered devices. Journal of Electronic Materials, 2009, 38(7): 1491-1498.

[8] Leonov V. Thermoelectric energy harvesters for powering wearable sensors. IEEE Sensors, Taipei, 2012: 1-4.

[9] 杨立波, 王延宁. 人体热能发电研究. 科技资讯, 2016, 14(25): 27, 29.

第4章 可穿戴机械能系统

4.1 引　言

机械能是动能与势能的总和，生活中它无处不在。在人体的正常活动中，如关节的转动、肢体的移动、重力的加载，甚至器官、组织变形的过程中都会释放出各种形态的机械能[1]。相关文献早已对人体进行正常活动时各种情况下可能收集到的能量进行了调查研究，并总结得到表 4.1[2]。

表 4.1　理想情况下在人体进行正常活动时身体各种情况下可能收集到的能量

各种情况	能量/W
人体温差	2.4～4.8
呼吸	0.4
血压	0.37
脚跟踩压地面	67
脚踝运动	69.8
膝盖运动	49.5
臀部运动	39.2
肘部运动	2.1
肩部运动	2.2

通过表 4.1 的数据我们可以直观地看到，在人体正常活动中，能收获的能量，尤其是机械能，其实相当可观。与可穿戴的思想相结合，如果能从人体活动产生的机械能中收集能量并转换成电能，将大大提高人体能量的利用率。这种从人体正常活动中收获能量进行发电的方式称为被动式捕获人体机械能[3]。这种方式以不影响人体正常活动为原则，通常产生的电能较小，符合可穿戴设备的设计理念。机械能发电原理主要有电磁式发电、压电式发电和静电式发电三种，最根本的原理都是借由不同介质的物理运动产生感应电场，从而将机械能转换成电能。除了这三种主要发电方式外，还有一些特殊的发电方式。例如，利用介电弹性体发电、基于反向电润湿现象发电等。与可穿戴太阳能和可穿戴热能不同，可穿戴机械能

的发电效率对人体活动的依赖程度很大，部位不同、运动方式不同都会对最终的发电效果产生影响。所以在设计时除了考虑能量收集装置自身的性能，还要充分考虑合适的可穿戴部位，结合具体部位的具体运动方式来完成设计。

4.2　机械能发电原理

4.2.1　电磁式发电原理

在可穿戴机械能能量收集器的研究历程中，电磁方式一直比较热门，是三种机械能发电方式中最常见的一种。该方式的基本原理是法拉第电磁感应定律。当导体在磁场中做切割磁感线的运动时，磁通量发生变化，导体中就会产生感应电动势，从而将机械能转换成电能。感应电动势的计算公式为

$$E = n\frac{\Delta \Phi}{\Delta t} \tag{4.1}$$

式中，E 为线圈最终产生的感应电动势；n 为线圈匝数；$\Delta\Phi / \Delta t$ 为磁通量变化率。因此通过公式可以看出，感应电动势的大小取决于线圈匝数和磁通量变化率。通常，由于可穿戴设备设计需要轻、小，因此线圈匝数的选择比较受限。而磁通量变化率可以通过改变线圈与永磁体的相对运动来改变，因此延伸出线性电磁能量收集器和旋转电磁能量收集器两个不同方向。线性方法指的是线圈和永磁体之间的相对运动方式是线性的，这种线性运动一般多出现在人体足部的摆动等简单运动上。旋转方法则是指线圈和永磁体之间的相对运动方式为具有旋转趋势的运动。这种运动更多出现在关节部位，如膝关节弯曲。

概括来说，运动方式的不同决定了线性方法比旋转方法的机械设计更加简单，因此在整个能量收集器的体积设计上，线性方法具有明显优势。但是由于旋转方法比线性方法更能够提高线圈磁通量变化率，因此在收获功率表现上旋转方法要优于线性方法。线性方法对运动频率有很大的依赖程度，频率越高，收获功率越大，比较适合高频运动；旋转方法可以将低频线性运动转换为高频旋转运动，在低频情况下也能收获较高的功率，并且相同频率下的输出功率会大于线性方法。体积和功率一直是电磁式机械能设备需要考虑的限制因素。研究者正致力于寻找体积最小化、功率最大化的方法来进行可穿戴机械能设备的设计。

4.2.2　压电式发电原理

压电式发电的研究热度仅次于电磁式，其基本原理是正压电效应。压电材料主要有两种场电模式，如图 4.1 所示，一种是由压力引起的径向模式，另一种是由弯曲引起的横向模式[4]。由于压电材料在不同模式上的异性特性，其电能转换

能力各不相同。

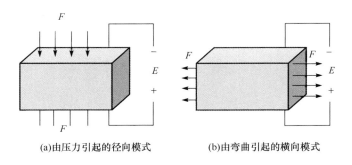

(a)由压力引起的径向模式　　　　　　　(b)由弯曲引起的横向模式

图 4.1　压电材料两种场电模式示意图[4]

在可穿戴机械能的研究中,压电材料体积小、厚度薄、成本较低、可形变,这一系列特点都是它的优势。但又由于其必须形变才能发电,而人体作为施力者无法时刻控制施加力量的大小,所以压电材料在耐久度、使用寿命上仍存在较大缺陷。根据材料种类,目前现有的压电材料可以分为四类:压电单晶体、压电多晶体(压电陶瓷)、压电聚合物和压电复合材料。其中,压电陶瓷中的锆钛酸铅系压电陶瓷(Pb-based lanthanumdoped zirconate titanates, PZT)和压电聚合物中的聚偏氟乙烯(polyvinylidene fluoride, PVDF)是目前使用较多且技术较为成熟的压电材料。随着材料技术的发展,利用压电陶瓷和聚合物复合而成的压电复合材料也相继出现。这种复合材料既有很好的柔韧性和加工性能,又有较低的密度,容易与周边环境实现声阻抗匹配,并且具有很高的压电常数,因此压电复合材料逐渐在医疗、传感、测量等领域占据了一定地位[5]。在利用压电材料制作机械能发电装置时,对足底机械能捕获的应用比较多。随着压电材料性能的发展,脉搏的跳动、呼吸、衣服的形变等也都变为可以利用压电材料转换电能的潜在能量源[1]。但利用压电材料收集机械能仍存在一个较为严重的问题,就是发电功率较低。如何扩大压电材料的优势,即充分利用其体积小、可形变的特点,来尽可能增大其发电功率,将成为压电式机械能发电装置的一个研究热点。

4.2.3　静电式发电原理

静电式发电的基本原理是利用静电感应现象,即由于导体中的自由电荷受外界电荷影响而重新分布[6]。因为其产生电量非常小,所以在三种主要的发电方式中,利用纯静电方式来进行可穿戴机械能设计的研究少之又少。2012 年,王中林教授及其团队发明摩擦纳米发电机,基于摩擦起电与静电感应的耦合将机械能转换成电能。摩擦纳米发电机在材料、形状等方面有很大的可塑性,并且具备质量轻、厚度薄、耐久性好、发电效率高等巨大优势。因此，以摩擦纳米发电机为基础的可穿戴机械能发电装置逐渐成为研究热点[7-10]。摩擦纳米发电机的提出，让静电类可穿戴机械能发电装置重新变活跃。

4.3　电磁式发电鞋的设计与实现

根据对目前的电磁式发电鞋的学习与研究，本研究团队进行了三款电磁式发电鞋的设计：动铁式发电鞋、动圈式发电鞋、压力式发电鞋。其中，对动铁式发电鞋的结构参数设计了 5 组选择，并分别进行实验分析，得出影响其功率的主要因素为动、定子间的相对行程长度以及气隙长度。本节选择最优参数进行动铁式发电鞋的完整设计，并进行了穿戴实验。动圈式发电鞋和压力式发电鞋则完成了第一代设计，后续还需要进行更多的完善及发展。

4.3.1　系统的穿戴式分析

在对人体足部可穿戴设备的研究过程中，已有较多学者对人体的步行模式进行了深入分析，以便寻找到能够合理安装机械能采集装置的位置，更高效地采集足部机械能[11-14]。

1. 人体步态模型

一般情况下，人体在正常走路时，脚的运动和手的摆动具有一定的周期性规律。如图 4.2 所示，左腿和右腿交替以一定周期规律地重复"触地—支撑—提腿—摆动—触地"的动作[15]。

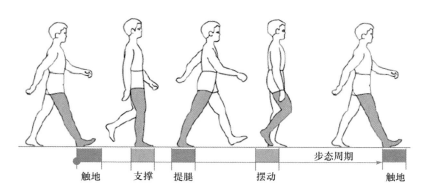

图 4.2　人体正常步行的周期性规律[15]

通过观察这样一个步态模型可以知道，人体在正常行走时，脚部在上下方向和前后方向均有位移和加速度，并且有一个向下的压力。我们经常发现经过一段时间的踩踏，鞋垫会由于受压发生一定的形变，说明脚部向下的压力不容小觑。这个压力是脚跟、脚掌和地面发生激烈触碰时，由下肢的惯性变化引起脚跟和脚掌对地面的冲击力，其作用力大小为人体重量的两到三倍[13]。整个动作触发时间极短，但是大量重复地出现。

2. 人体足部运动数据采集与分析

研究团队通过 RealTag 传感器、蓝牙适配器和上位机三个部分，组成人体足部运动学分析系统，在实验环境下进行多组实验测试，对采集得到的数据进行分析。

如图 4.3 所示，为了消除不同传感器之间的差异，提高实验数据的准确性，测试时将同一个 RealTag 传感器分别贴于鞋子的跟部、侧面、鞋尖这三个部位。测试不同部位时，令测试者重复在跑步机上以 3km/h 的速度正常行走三次，所得数据取平均值作为该部位的加速度情况。加速度数据通过蓝牙 4.0 协议传输到 USB Dongle，再通过串口传输到个人计算机(personal computer, PC)

图 4.3　人体足部运动数据采集[16]

端上位机，最后通过 MATLAB 处理得到分析曲线。进行该步骤时，鞋子的跟部测量的是脚跟的加速度值，鞋子侧面测量的是脚掌的加速度值，鞋尖测量的是脚尖的加速度值。所得加速度曲线如图 4.4 所示。

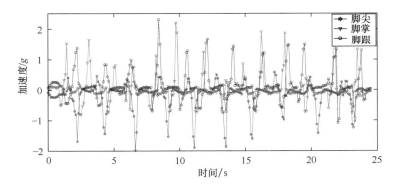

图 4.4　脚跟、脚掌、脚尖加速度曲线

对所采集到的数据求取均方根值，使其能够更加直观地比较三个不同部位的加速度大小。如图 4.5 所示，可以明显看到脚掌位置的加速度远远小于脚跟和脚尖处的加速度，脚跟处的加速度稍大于脚尖处的加速度。

从步态分析可以得知，人体在行走时脚部的运动模式较为单一，且重复程度

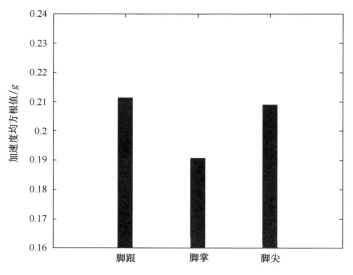

图 4.5　脚跟、脚掌、脚尖加速度均方根值[16]

大，是比较适合进行可穿戴机械获能装置的安装的。更进一步，从采集的脚部运动数据来看，脚跟具有最大的加速度，因此能在行走中收获到更多的能量。最后结合可穿戴的因素，最适合安装电磁式发电系统的应该是脚跟位置，其次是脚尖，最后是脚掌。

4.3.2　动铁式发电鞋

本研究团队设计的第一款发电鞋为动铁式发电鞋。动铁式发电鞋以动铁式发电机为基础结构，以线圈作为定子，相邻线圈的绕向相反，动子由多个垫片和磁性相对的磁铁片相间排列构成。装置的原理示意图和实物图如图 4.6 所示，装置各个参数的具体情况如图 4.7 所示，各符号表示的含义具体如表 4.2 所示。

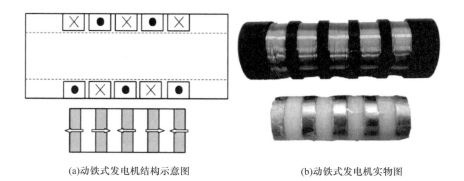

(a)动铁式发电机结构示意图　　　　　　　(b)动铁式发电机实物图

图 4.6　动铁式发电机[16]

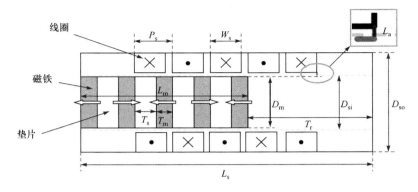

图 4.7　多极线性永磁发电机的几何尺寸[16]

表 4.2　各符号定义[16]

符号	单位	含义
P_s	mm	槽距
W_s	mm	槽宽
L_a	mm	气隙厚度
D_m	mm	动子直径
D_{si}	mm	定子内直径
D_{so}	mm	定子外直径
D_w	mm	线圈直径
T_s	mm	垫片厚度
T_m	mm	磁铁片厚度
T_r	mm	相对行程
L_s	mm	定子长度
L_m	mm	动子长度
r_i	Ω	绕组内阻
N	—	线圈匝数
$\overline{R}_c$	mm	线圈平均半径
U_o	mV	收集器开路电压

　　由文献[17]的描述可知，此类电磁发电装置，它的输出电压的均方根值与动子在定子内的相对行程最大值呈正相关关系。减小垫片的厚度可以达到减小动子长度的目的，在定子长度一定时，减小动子长度即为动子在定子内增大了活动空

间，即增大动子在定子内的相对行程最大值，从而提高了输出电压的均方根值。因此减小垫片厚度可以间接增大输出电压的均方根值。研究团队对四种不同厚度垫片的动子进行了实验分析，得到的磁感应强度径向截面图如图 4.8 所示(图中颜色表示不同磁通量强度，红色表示强度大，蓝色表示强度小)。四种垫片厚度分别为 3mm、5mm、7mm、9mm。

　　当垫片厚度发生改变时，磁铁在靠近圆心处的磁感应强度变化与磁铁在靠近边缘处的磁感应强度变化相反。例如，垫片厚度变薄，磁铁在靠近圆心处的磁感应强度变小，在靠近边缘处的磁感应强度变大。因此垫片厚度的变化并不会改变磁铁内部总的磁感应强度。结合前面垫片厚度对输出电压的均方根值的影响，越薄的垫片意味着越能有效提高发电效率，所以理论上垫片厚度应越薄越好。但我们在考虑提高发电效率的同时，还应考虑到实际样机制作的可行性。太薄的垫片导致磁极相向放置的磁铁间斥力过大，磁铁与垫片之间很难进行牢固的固定，影响了动子的制作，因此在实际制作中垫片厚度不能过薄。

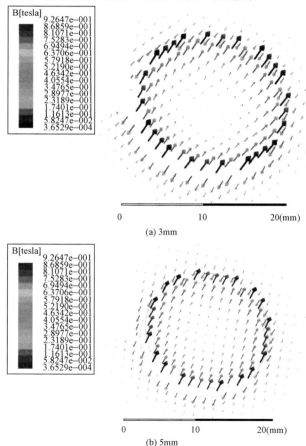

(a) 3mm

(b) 5mm

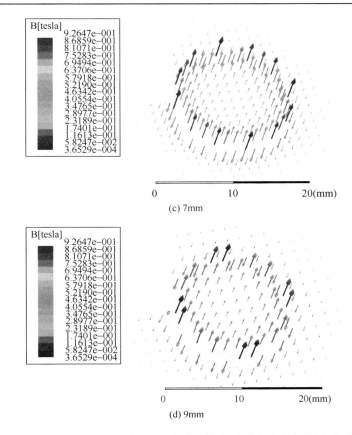

(c) 7mm

(d) 9mm

图 4.8　仅垫片厚度不同时动子径向截面静态磁感应强度向量图(见彩图)

　　为了进一步提高动铁式机械能发电装置的输出功率，本节设计了 5 种具有不同具体参数的发电机(表 4.3)，并对输出功率的结构参数进行了对比设计(表 4.4)。图 4.9 为 5 种不同参数设计的动铁式机械能发电装置的输出开路电压波形图。图 4.10 为 5 种发电装置的功率对比图。

表 4.3　实验所用 5 种发电装置的具体参数[16]

种类	D_{si}/mm	D_{so}/mm	L_s/mm	W_s/mm	r_i/Ω	L_m/mm	D_m/mm
1	21.9	24	81.55	9	21.4	51	20
2	21.6	27.9	81.45	9	24.6	51	20
3	17.97	20	77	8	18	54	16
4	21.6	26	72.1	8	23.2	51	20
5	21.7	26.3	67.67	7	23.2	47	20

表 4.4 输出功率相关参数表[16]

种类	T_r/mm	T_s/mm	L_a/mm
1	30	6.8	0.9
2	30	6.8	2.8
3	23	6.8	0.7
4	21	6.8	1.7
5	20	5.5	1.7

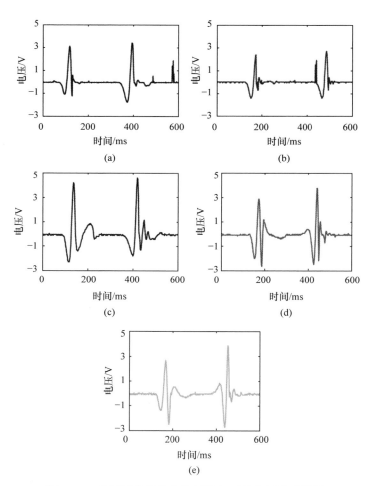

图 4.9 5 种不同参数发电装置输出开路电压波形图[16]

功率输出公式如下：

$$P = \frac{U_o^2}{4r_i} = \frac{(\mathrm{d}\varPhi/\mathrm{d}t)^2}{4r_i} \tag{4.2}$$

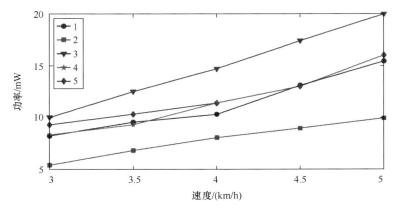

图 4.10　5 种不同结构参数发电装置功率对比[16]

式中，r_i 为线圈内阻。本研究团队所设计的动铁式直线发电机共有 5 个凹槽，每个凹槽内绕有 N 匝线圈，Φ 是定子线圈的磁通量，由式(4.3)表示：

$$\Phi = 5N\overline{B}s = 5N\overline{B}\pi\overline{R}_c^2 \tag{4.3}$$

式中，$\overline{B}$ 为定子线圈内的平均磁感应强度，线圈的长度可大致表示为

$$l \approx 5N \cdot 2\pi\overline{R}_c^2 = 10N\pi\overline{R}_c^2 \tag{4.4}$$

根据式(4.4)，可得线圈内阻为

$$r_i = \rho\frac{l}{s} = \frac{10N\rho\pi\overline{R}_c}{\pi(D_w/2)^2} \tag{4.5}$$

式中，ρ 为电阻率；D_w 为漆包线的直径。将式(4.5)代入式(4.2)得

$$P = \frac{25\pi^2 D_w^2 (\mathrm{d}\overline{B}/\mathrm{d}t)^2 \overline{R}_c^3}{160N\rho} \tag{4.6}$$

由式(4.6)可以看出，输出功率与线圈平均半径的 3 次方成正比。1 号线圈的平均半径小于 2 号线圈的平均半径，但 1 号装置的输出功率却高于 2 号装置。这是由于 1 号装置的气隙半径小于 2 号装置，气隙长度较大时，抵消域面积较大，所以有效域的磁通被抵消较多，功率不增反减。而 1 号和 2 号发电装置的相对行程较大，在 5 种发电装置中功率较小。动子与定子相对行程过大时，动子的速度会减小，频率降低，导致功率有所下降。

4 号与 5 号相比，行程更大，而垫片厚度更小。由于输出功率与相对行程呈正比关系，更短的相对行程意味着功率较小。但 5 号装置的功率比 4 号大，说明较薄的垫片厚度能增加发电功率。

与 5 号发电装置比起来，虽然 3 号发电装置垫片厚度较大，但是由于气隙长度较小，输出功率远大于 5 号装置。由此可见，气隙长度是影响输出功率的重要因素。气隙长度越小，输出功率越大。

最终将设计完整的动铁式发电机安装在鞋跟内，和控制器共同组成整个发电鞋系统，利用脚部的摆动来驱动装置。动铁式发电机的体积总大小为 7.7cm×φ2.2cm，当测试者以 4km/h 在跑步机上行走，负载为匹配电阻(18Ω)时平均输出功率达到12.9mW[16]。

4.3.3　动圈式发电鞋

动圈式发电鞋的主体是动圈式发电机和鞋子。动圈式发电机以平行缠绕的线圈匝组为动子，扁平放置的四对磁铁片为定子。图 4.11 所示为动圈式发电机结构示意图。整个装置以扁平的长方体形式呈现，尺寸为15cm×4.5cm×1cm。将其安装在鞋跟，与控制器共同组成机械能收获系统。人体走动时脚的摆动令线圈组在磁铁间切割磁感线，磁通量发生改变从而收获电能。在设计中发现，当线圈与磁铁片半径刚好相同时，定子与动子之间的摩擦力较大，致使驱动受阻碍；所选用的磁铁片磁性较弱，影响发电能力。这些因素很大程度上影响了该装置的发电能力，导致在测试过程中无法测量出该装置的带负载情况。

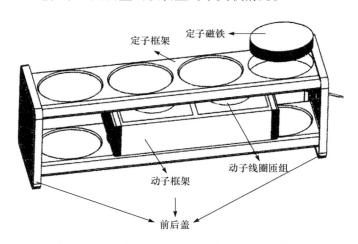

图 4.11　动圈式发电机结构示意图(未展示外壳)

4.3.4　压力式发电鞋

压力式发电鞋的主要结构是压力式发电机，4 块磁性两两相对放置的磁铁是该装置的特殊之处。这两部分磁铁作为施压装置和受压装置放置在脚跟。Z 字形传动杆和变速箱连接着小型无刷直流发电机和施压装置。踩踏时，脚跟按压施压装置，通过 Z 字形传动杆带动变速箱运动，从而发电机转动发电；抬起时，磁铁异性相斥帮助施压装置复位，传动杆和变速箱再次运动，发电机反向转动发电。装置原理图如图 4.12 所示，具体实物图如图 4.13 所示，装置的尺寸为 8cm×3.5cm×2.4cm，安装在一个定制半码鞋垫中。

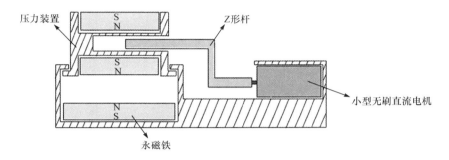

图 4.12 压力式发电机原理图

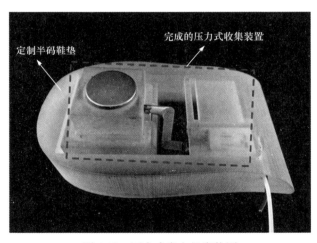

图 4.13 压力式发电机实物图

在实验室环境中，令受试者穿上发电鞋进行输出电压测试，图 4.14 为受试者以 6m/s 的速度在跑步机上行走时测得的电压曲线。可以看到每一次踩踏和抬脚，电压均有明显的变化。

下一步，令受试者穿戴压力式发电鞋样机以 2km/h 的速度在跑步机上行走，改变负载阻值，测量系统输出功率。从图 4.15 中可以看出，当负载阻值小于 18Ω 时，在负载阻值为匹配电阻(17Ω)处，功率达到极大值。而当负载阻值大于 18Ω 之后，输出功率不降反升，是由于负载阻值增加后，负载电流减小，发电机所需要的输入力矩也随之减小，这有利于施压装置快速恢复，使施压装置行程增大，因此输出功率反而增加。

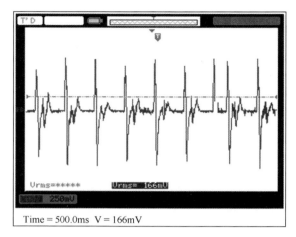

Time = 500.0ms V = 166mV

图 4.14　压力式发电机输出电压测试

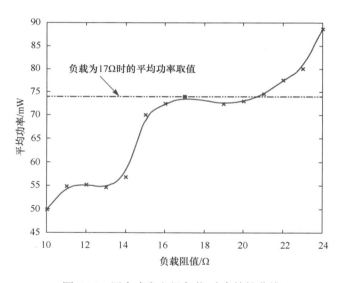

图 4.15　压力式发电机负载-功率特性曲线

紧接着，令受试者穿戴压力式发电鞋样机，在跑步机上以不同速度行走，分别测试该样机在不同速度下的空载 RMS 电压和带载(匹配负载)RMS 电压，具体情况如图 4.16 所示。从图 4.16 中可以看出，当速度小于 4km / h 时，RMS 电压和速度基本呈正比关系，并且在人体行走速度较慢时，输出电压情况良好。当速度大于 4km / h 而小于 5km / h 时，RMS 电压反而有所下降。这是由于在该速度区间，人体处于快走状态，脚部抬离地面距离较短，而踩踏承压装置的频率过高。在脚部抬离地面期间，承压装置还未来得及回到原始位置，就又被踩踏下去，降低了能量的转换效率。当速度大于 5km/h 后，人体基本进入小跑状态，这时虽然踩踏频率变高，但脚部抬离地面的高度也提高了，并且落脚时的踩踏压力也比走路时要大，因此 RMS 电压重新增加。空载时 RMS 电压的变化规律体现得更加明显。

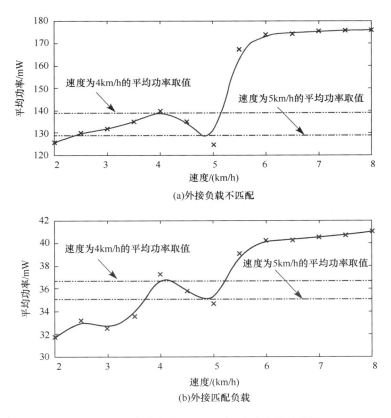

图 4.16　压力式发电机 RMS 电压-速度特性曲线

最后，测量在匹配电阻下，不同速度行走时系统的功率输出情况，如图 4.17 所示。从图中曲线可以清楚地看到，系统的平均功率随着行走速度逐渐加快而上升。因此该压力式发电机在人体脚部的低频运动下(1～10Hz)有良好的表现。

通过研究团队进行的多次实验，最终该压力式发电鞋样机穿戴在受试者脚上，以 4km/h 行走，负载为匹配电阻(17Ω)时平均输出功率达到 97mW。

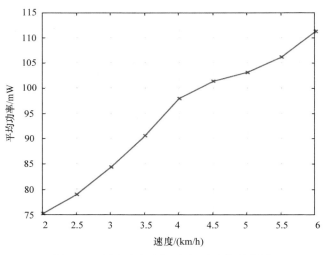

图 4.17　压力式发电机速度-功率特性曲线

4.4　可穿戴机械能发展现状

4.4.1　发电方式发展现状

如前面所述，电磁获能装置是可穿戴机械能装置中研究最热门的种类。Ylli 等制作了一种应用于鞋底的扁平多线圈能量收集器[18]，如图 4.18 所示。平行堆叠的磁体、相同间距的线圈，作者充分发挥了鞋子在宽度上的优势，弥补了在高度上空间有限的劣势。该设计还使磁铁能几乎同时进入线圈，简化了整个系统的电路设计。最终完成的收集器样机尺寸为 75mm×41.5mm×15mm。实验以 4km/h 测试时，能够产生约 1mW 的平均功率；以 10km/h 测试时，能够产生 2.14mW 的平均功率。Lin 等制作了可穿戴在人体踝关节和手腕上的旋转式电磁能量采集装置[19]。装置引入了由 NdFeB 制成的圆柱形定子和盘形转子，通过磁性作用力，使转子和定子没有物理接触，避免了不必要的表面摩擦。在测试速度为 8km/h 时可以收获最高 1.92V 电压和 0.2mW/cm^2 的平均功率密度。吴慧明等研发了一种可捕获膝关节机械能的电磁式机械能发电装置[20]。采用一种质量不均匀分布的转子结构，穿戴者以 2m/s 的速度行走时可捕获 2.3W 的平均功率。

Zhang 等[21]和 Cheng 等[22]分别制作了不同肘部压电能量收集装置。Zhang 等制作的肘部压电能量收集装置如图 4.19 所示，由 BaTiO$_3$ 纳米线和 PVC 聚合物组成的复合压电纤维制作而成。排列好的 BaTiO$_3$ 纳米线可以使该复合材料更加牢固耐用，能经受多次肘部弯曲运动。经过穿戴测试，设备工作时可以输出 1.9V 电压和 24nA 电流，能量足以驱动一个液晶显示器(liquid crystal display, LCD)。Cheng

等制作的肘部压电能量收集装置则采用了 PZT 横梁结构。穿戴测试时，可以输出 10V 的峰值电压。Cheng 等指出，理论上该装置可以驱动一些 μW 甚至是 mW 级别的小功率设备。

(a)   (b)

图 4.18 鞋式扁平多线圈能量收集装置[18]

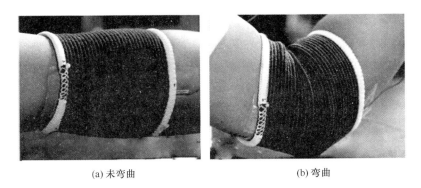

(a) 未弯曲   (b) 弯曲

图 4.19 肘部压电能量收集装置[21]

　　Snehalika 和 Bhasker 设计了一款基于压电材料的发电军鞋[23]。聚偏氟乙烯膜采用层叠结构安装在鞋内，尺寸为 75mm×39mm×1.23mm。当测试者以 1Hz 频率行走时，设备输出峰值电压 1V，当测试者以 2Hz 频率行走时，设备输出峰值电压 4V。约 10min 后，可以为 2 个串联连接方式的 2.5V、1F 的超级电容器充满电。

　　由于利用纯静电方式产生的电量较小，纯静电获能装置在能量收集装置的研究中所占比例非常小。Li 等制作了一款基于静电感应效应的发电衬衫[24]，如图 4.20 所示。衬衫依靠氟化乙丙烯(fluorinated ethylene propylene, FEP)和尼龙之间的摩擦起电进行发电，测试中的最大短路电流密度约为 $0.37\mu A/cm^2$，最高峰值功率密度约为 $4.65\mu W/cm^2$。装置发电时可以同时点亮 11 盏发光二极管(light-emitting diode, LED)，可用来制作预警服装。

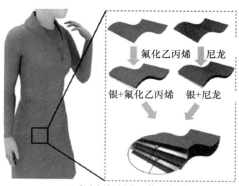

(a)发电衬衫制造工艺示意图

(b)发电衬衫横断面SEM图像　　(c)发电衬衫10cm×10cm实物照片

图 4.20　发电衬衫[24]

2012 年王中林教授及其团队发明摩擦纳米发电机,将摩擦起电与静电感应耦合使机械能到电能的转换效率更大,静电获能装置从此重新回到研究者视野[7-10]。研究者通过不同的结构设计,分别将摩擦电纳米能量收集装置与鞋子结合,制成了不同样式的基于纳米摩擦的发电鞋。Niu 等的设计则是采用 Z 字形结构堆叠,每层使用薄铝箔和氟化乙丙烯层作为摩擦电材料[9]。一个 15 层的 TENG 在 39kΩ负载下具有 1.044mW 的功率输出。Yue 等的设计结构和 Niu 等的装置相似,也是 Z 字形堆叠[10]。但是在材料上,该装置由 AL/PET 和 PTFE/PET 的两个折叠双层弹性条制成。由宽 3cm、长 27cm 的弹性条制成的单个装置在 4Hz 频率、2.5cm振幅下可以产生开路电压 840V,最大输出电流 55μA,峰值功率 7.33mW。四个装置可组成小型集成发电机,尺寸为 6cm × 6cm × 3cm,实验条件下可点亮 352盏 LED。

除了上述三种较为常用的传统方式,本章还将介绍两种特殊的发电获能方式:介电弹性体发电、反向电润湿发电。介电弹性体是电活性聚合物(electroactive polymer, EAP)的一种典型应用,它具有很强的受压形变能力,形变能力远超传统的压电陶瓷材料。Kornbluh 等将介电弹性体应用在鞋跟部位,制造出鞋式能量收集器样机[25],如图 4.21 所示。该样机每个工作周期可以输出 0.8J 能量。Goudar

等同样利用了介电弹性体来制造能量收集器[26,27]。装置采用闭环控制策略，将多组小型能量收集器安装在鞋底。在实验环境下测试，每次踩踏装置均可收获 120mJ 的能量。

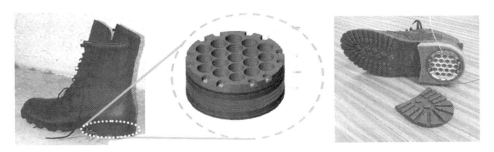

图 4.21　介电弹性体应用在鞋跟[25]

电润湿技术的原理是通过改变电压使疏水表面上的液滴发生变形、移位，而反向电润湿则是这一原理的逆向使用。科学家 Krupenkin 及其团队在 2011 年美国威斯康星大学利用这一技术发明了鞋式能量收集装置[28]。从理论上分析，以 1Hz 频率运动时，20V 偏置电压下，1000 滴导电液滴产生的电能密度可达 $10^3 \mathrm{W}/\mathrm{m}^2$。如果能在实际中投入使用，该技术有希望给笔记本电脑提供电能。

4.4.2　发电方式对比

一般情况下，在三种较为常用的传统发电方式中，做相同运动的情况下，电磁类能量收集装置所收集的能量最大，其次是压电类能量收集装置，静电类能量收集装置最小。在体积大小的比较上，往往是电磁类能量收集装置的体积普遍较大，压电类和静电类能量收集装置的体积则小许多。

目前的电磁类能量收集装置可以分为线性装置和旋转装置两大类。线性装置的机械结构通常比旋转装置简单，因此机械设计也相对简单。但线性装置对运动频率有很强的依赖性，频率越高，能收集的能量越多，效率越高。在低频的人体运动中，线性装置在能量收集方面的表现不如旋转装置。总体来说，由于必要的机械构造，电磁类能量收集装置的体积与另几种发电装置比起来普遍较大，设计者往往需要在体积和功率之间进行取舍。在发电过程中，电磁类发电机输出电流、电压均与机械能频率成正比，因此虽然系统总体输出功率较为可观，但是会存在输出电压较低而导致设备无法启动的现象[29]。由于电磁类发电机目前仍是机械能发电装置的发展主力，研究技术相对成熟，所以电磁类机械能能量收集装置仍是目前可穿戴机械能发电装置的研究热潮。在结合肢体运动时，电磁类能量收集装置更多的是考虑腿部、脚部、手臂的摆动这种类型的运动方式。

压电类能量收集装置的研究热度仅次于电磁类，其具有材料成本低廉、制造技术成熟、体积小、可塑性高等优点。但压电材料存在一个致命缺点：由于其工作原理是受压形变而发电，但是一般形变能力有限，在应用过程中很容易由受压过大导致材料断裂。因此如何提高该材料在能量收集装置中的耐久性一直是该类能量收集装置设计的研究问题。现有的一些方法，如增加叠层厚度、增设柔性基底等都有比较好的材料保护效果。压电类能量收集装置往往考虑的是脚部的踩踏、膝盖的弯曲按压以及肘部弯曲按压的运动方式。

传统的静电类能量收集装置发电量太小，很难直接利用，因此几乎没有纯静电类能量收集装置的相关设计。摩擦纳米发电机的提出让静电类能量收集装置重回研究者的视线。在发电过程中，摩擦纳米发电机输出电流与机械能频率成正比，而输出电压保持相对稳定，对于人体的低频运动来说，可以防止出现因电压过低而无法启动设备的现象[29]。再加上其材料可塑性好，发电量也较为可观，有希望在体积和功率之间取得平衡，摩擦纳米发电机在可穿戴能量收集装置中的应用有很大的发展前景。

相较于传统的发电方式，如利用介电弹性体发电，基于反向电润湿法发电等新方法对材料、技术有很高的要求，发电量也不可观，目前还只处于实验室研究阶段。基于不同发电方式的可穿戴机械能发电装置能量采集情况如表 4.5 所示。

表 4.5 基于不同发电方式的可穿戴机械能发电装置能量采集情况

方式	年份	频率	平均功率或功率密度	文献
线性电磁	2014	0.66Hz	1mW	18
旋转电磁	2017	1.2Hz	2.3W	20
压电纤维	2015	—	45.6mW	21
PZT	2015	—	$1\sim10$mW	22
PVDF	2017	2Hz	500mW	23
静电	2015	—	4.65μW／cm²	24
TENG	2013	—	140.47mW	7
TENG	2015	—	1.044mW	9
TENG	2015	4Hz	7.33mW	10
介电弹性体	2002	—	约120mW	25
反向电润湿	2011	1Hz	10^3W／m²	28

注："—"表明文献中未提供有关频率的数据。

4.5 小 结

本章主要介绍了智能可穿戴系统利用机械能收集电能方面的具体情况，包括三种常见的机械能发电原理、电磁式发电鞋在本研究团队的具体实现、可穿戴机械能发展现状的概括总结。

参 考 文 献

[1] 代丹. 人体机械能捕获发电方法的研究及应用. 北京: 中国科学院大学, 2013.

[2] 桂鹏. 人体足部机械能采集系统设计与实现. 北京: 北京理工大学, 2016.

[3] Klimiec E, Zaraska W, Zaraska K, et al. Piezoelectric polymer films as power converters for human powered electronics. Microelectronics Reliability, 2008, 48(6): 897-901.

[4] Wang C S, Stielau O H, Covic G A, et al. Design considerations for a contactless electric vehicle battery charger. IEEE Transactions on Industrial Electronics, 2005, 52(5): 2308-2314.

[5] 朱建国, 孙小松, 李卫. 电子与光电子材料. 北京: 国防工业出版社, 2007.

[6] Encyclopaedia Britannica. Electrostatic induction. [2019-05-15]. https: //www. britannica. com/science/electrostatic-induction.

[7] Bai P, Zhu G, Lin Z H, et al. Integrated multilayered triboelectric nanogenerator for harvesting biomechanical energy from human motions. ACS Nano, 2013, 7(4): 3713.

[8] Zhu G, Bai P, Chen J, et al. Power-generating shoe insole based on triboelectric nanogenerators for self-powered consumer electronics. Nano Energy, 2013, 2(5): 688-692.

[9] Niu S, Wang X, Fang Y, et al. A universal self-charging system driven by random biomechanical energy for sustainable operation of mobile electronics. Nature Communications, 2015, 6(1): 8975.

[10] Yue K, Bo W, Dai S, et al. Folded elastic strip-based triboelectric nanogenerator for harvesting human motion energy for multiple applications. ACS Applied Materidls & Interfaces, 2015, 7(36): 20469-20476.

[11] 牟春阳. 基于人体足部运动能的电源设计. 太原: 中北大学, 2017.

[12] 陈洋. 基于人体运动规律和足部特性的仿人机器人行走运动研究. 合肥: 合肥工业大学, 2016.

[13] 蔡明京. 人体动能捕获的原理及关键技术研究. 广州: 华南理工大学, 2016.

[14] 王冠华. 用于足部运动力学测试的 PVDF 生物力学传感器系统研究. 昆明: 昆明理工大学, 2008.

[15] Zoss A B, Kazerrooni H, Chu A. Biomechanical design of the Berkeley lower extremity exoskeleton(BLEEX). IEEE/ASME Transactions on Mechatronics, 2006, 11(2): 128-138.

[16] Gui P, Deng F, Liang Z L, et al. Micro linear generator for harvesting mechanical energy from the human gait. Energy, 2018, 154: 365-373.

[17] Patel P, Khamesee M B. Electromagnetic micro energy harvester for human locomotion. Microsystem Technologies, 2013, 19(9): 1357-1363.

[18] Ylli K, Hoffmann D, Becker P, et al. Human motion energy harvesting for AAL applications. Journal of Physics: Conference Series. IOP Publishing, 2014, 557(1): 012024.

[19] Lin J, Liu H, Chen T, et al. A rotational wearable energy harvester for human motion. International Conference on Nanotechnology, Pittsburgh, 2017: 22-25.

[20] 吴慧明, 苗狄, 赵伟. 可穿戴人体膝关节动能能源收集装置研究. 深圳职业技术学院学报,

2017, 16(1): 10-14.

[21] Zhang M, Gao T, Wang J, et al. A hybrid fibers based wearable fabric piezoelectric nanogenerator for energy harvesting application. Nano Energy, 2015, 13:298-305.

[22] Cheng Q, Peng Z, Lin J, et al. Energy harvesting from human motion for wearable devices. IEEE International Conference on Nano/Micro Engineered and Molecular Systems, Xi'an, 2015: 409-412.

[23] Snehalika, Bhasker M U. Piezoelectric energy harvesting from shoes of Soldier Xi'an. IEEE International Conference on Power Electronics, Intelligent Control and Energy Systems, Delhi, 2017: 1-5.

[24] Li S, Zhong Q, Zhong J, et al. Cloth-based power shirt for wearable energy harvesting and clothes ornamentation. ACS Applied Materials & Interfaces, 2015, 7(27):14912.

[25] Kornbluh R D, Pei Q, Heydt R. Electroelastomers:Applications of dielectric elastomer transducers for actuation, generation, and smart structures. Proceedings of Spie the International Society for Optical Engineering, 2002, 4698:254-270.

[26] Goudar V, Ren Z, Brochu P, et al. Optimizing the output of a human-powered energy harvesting system with miniaturization and integrated control. Sensors Journal IEEE, 2014, 14(7):2084-2091.

[27] Goudar V, Ren Z, Brochu P, et al. Optimizing the configuration and control of a novel human-powered energy harvesting system. International Workshop on Power and Timing Modeling, Optimization and Simulation, Karlsruhe, 2013:75-82.

[28] Krupenkin T, Taylor J A. Reverse electrowetting as a new approach to high-power energy harvesting. Nature Communications, 2011, 2(1):448.

[29] Wang Z L, Jiang T, Xu L. Toward the blue energy dream by triboelectric nanogenerator network. Nano Energy, 2017, 39: 9-23.

第 5 章　可穿戴系统能源控制

5.1　引　　言

一般的发电系统可以设计为大功率系统，采用 MPPT 控制。可穿戴泛在能源系统与其他发电系统有所不同，其本身收集能量的能力有限，得到的功率相对来说小了很多。再加上处理器的供能也需要由系统自身提供，处理器的选择就十分重要了。当选择能耗很小的处理器时，运算能力往往较差。所以在可穿戴泛在能源系统中，MPPT 算法设计时不宜采用对处理器运算能力要求较高的算法。

由于可穿戴泛在能源系统工作环境的特殊性，其发电功率受到环境和人体状态的影响较大，系统的输出功率波动比较大，因此在可穿戴泛在能源系统中的 MPPT 显得尤为重要。我们需要能够追踪系统电力输出的最大功率点，提供稳定的电能输出，并尽可能减少系统本身能耗。本章将会对常用的 MPPT 算法进行详细介绍，介绍本研究团队提出的改进算法[1-4]，并结合研究团队的可穿戴太阳能发电系统详细介绍控制器的硬件实现与软件实现。

5.2　最大功率点跟踪算法

5.2.1　概述

最大功率点跟踪算法是在发电系统中利用控制器实时跟踪其电压，并跟踪到最大功率，以求系统能够获得最大的电量，进而控制器可以发挥出发电系统的最大功效的算法。这里的发电系统可以是太阳能电池阵列、温差发电片电池组或者机械能发电机。在理论上，发电系统使用了最大功率点跟踪之后效率会提高 50% 左右。实际上，加上在实际情况中存在的环境的影响和各种能量损失，其效率也能够提高 20%～30%[5]。

实现最大功率点跟踪算法，可以通过调节 DC/DC 电路的占空比来改变输出电压，通过输出电压的改变来调节输出电流，以此控制系统工作在输出功率最高点[6]，其原理如图 5.1 所示。

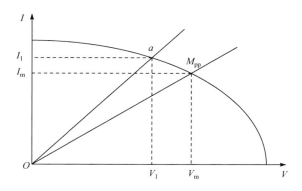

图 5.1　最大功率点跟踪原理

目前，最大功率点跟踪算法一直被广泛研究与实践。常用方法有导纳增量法(incremental conductance，INC)[6]、扰动观察法、PSO-DE 混合算法、全局最大功率点搜索算法和智能控制算法等，这也是本书重点介绍的算法。此外，还有一些其他的方法，如恒压控制法、基于梯度变步长的导纳增量法、3 点比较法[7]、DC/DC 变换电路法、电压增量寻优法、滞环比较法[8,9]、电流增量寻优法和模糊控制方法[10,11]等。

5.2.2　扰动观察法

1. 算法原理

扰动观察法控制思路简单，检测量少，算法简便清晰且非常容易实现，是现阶段使用较为广泛的最大功率点跟踪算法[12]。这种算法的主要思想是通过增加扰动来观察系统变化，从而逐渐移动系统工作点直至达到最大功率点。具体操作是：给发电系统的输出电压或电流或 DC/DC 变换电路脉冲宽度调制(pulse width modulation，PWM)控制信号的占空比一个或正或负的扰动，然后观察发电系统的输出功率是增加还是减少。若增加，则继续增加该方向上的扰动，若减少，则增加一个反方向的扰动，不断循环往复。最终系统的输出功率会在最大功率点附近波动，实现最大功率点跟踪。扰动观察法的跟踪流程如图 5.2 所示。

2. 算法仿真

图 5.3 所示为基于 Boost 电路的扰动观察法 MPPT 控制系统电路结构图，系统以温差发电系统为例。

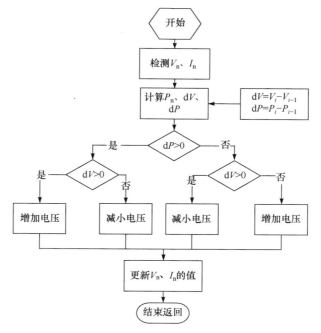

图 5.2　扰动观察法流程图

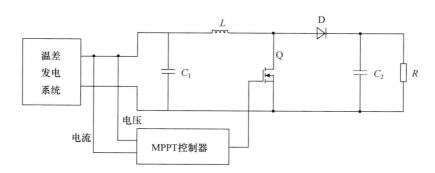

图 5.3　基于 Boost 电路的温差发电 MPPT 结构图

图 5.3 中，MPPT 控制器通过检测电流、电压，根据扰动观察法计算出开关管的控制信号，实现最大功率点跟随。图 5.4 为 MATLAB/Simulink 建立的温差发电仿真模型。

图 5.4 所示的仿真电路中，温差发电系统的等效电路的电压源为 10V，电阻为 3Ω。根据电路相关原理，可以推知图 5.4 中温差发电系统外接的匹配电阻为温差发电系统的内阻 $R=3\,\Omega$ 时，输出功率最大，此时，输出电压 $U_O = U / 2 = 5V$，输出电流 $I = U / (2R) \approx 1.67A$，输出功率 $P = U_O I \approx 8.35W$。仿真所得到的结果和理论计算出来的结果相当接近，这说明该方案能够取得很好的最大功率点跟踪效果。

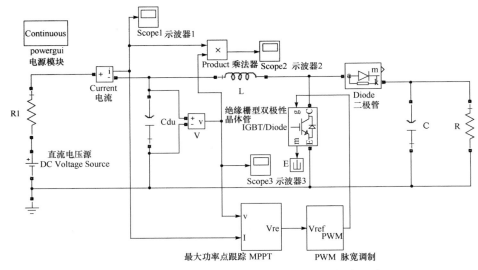

图 5.4　温差系统基于 Boost 电路的 MPPT 仿真电路

3. 改进的扰动观察法

Patel 和 Agarwal 提出了一种双模式的改进扰动观察法[13]，算法分为两个运行模式：P&O 运行模式和全局峰值(global peak，GP)跟踪模式，而且提出了边界条件 V_{min}、V_{max} 的设定方法，以避免扫描整个 P-V 曲线。不过这种方法在跟踪速度上并不能令人满意。

Carannante 等提出了另一种改进的扰动观察法[14]，比较瞬时功率来寻找全局峰值，其原理如式(5.1)所示：

$$\frac{P_{m}(t) - P_{ref}(t)}{P_{m}(t-1)} < \varepsilon \tag{5.1}$$

式中，$P_{m}(t)$ 为瞬时测量功率；$P_{ref}(t)$ 为瞬时最大功率参考值。

该方法能够比较好地跟踪到全局峰值，不过由于引入了新的参数，MPPT 过程被复杂化了。而且，文献中对这一方法的测试只是在遮光条件下的，其效果还不能得到更全面的验证。

Koutroulis 和 Blaabjerg 提出了一种电压扫描方式[15]，定时扫描太阳能电池阵列的电压。每一次扫描都对工作电压和电流进行测量并存储。在确定全局峰值的区域后，采用扰动观察法进行全局最大功率点跟踪。

5.2.3　导纳增量法

1. 算法原理

根据发电装置的 P-V 特性曲线，其最大功率点处存在如下关系：

$$\frac{\mathrm{d}P}{\mathrm{d}V} = 0 \tag{5.2}$$

即

$$\frac{\mathrm{d}(VI)}{\mathrm{d}V} = V\frac{\mathrm{d}I}{\mathrm{d}V} + I = 0 \tag{5.3}$$

$$\frac{I}{V} + \frac{\mathrm{d}I}{\mathrm{d}V} = 0 \tag{5.4}$$

在 P-V 特性曲线上最大功率点的左侧和右侧分别存在关系式：

$$\frac{I}{V} + \frac{\mathrm{d}I}{\mathrm{d}V} > 0 \tag{5.5}$$

$$\frac{I}{V} + \frac{\mathrm{d}I}{\mathrm{d}V} < 0 \tag{5.6}$$

根据明显的特征关系式，依据式(5.5)和式(5.6)判定发电设备是否工作在最大功率点，并进行相应的控制，即可实现对最大功率点的跟踪。

导纳增量法流程图如图 5.5 所示。

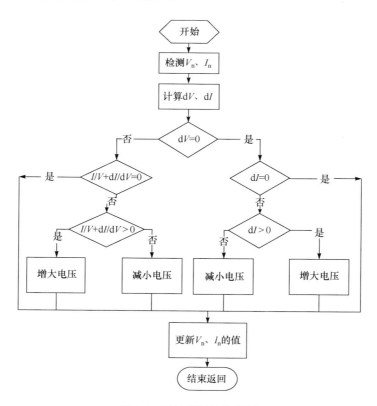

图 5.5　导纳增量法流程图

2. 算法仿真

使用 MATLAB/Simulink 对基于导纳增量法的 MPPT 模块进行相应建模，仿真电路模型如图 5.6 所示。

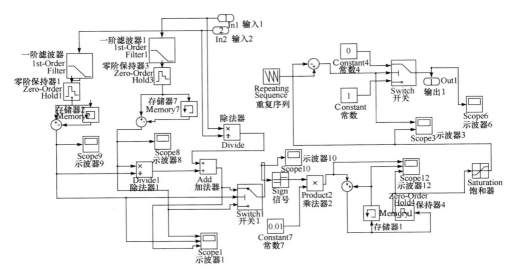

图 5.6　MPPT 算法子模块

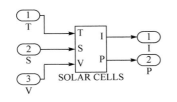

图 5.7　太阳能电池子模块封装图

下面对 MPPT 算法进行仿真验证。发电装置以柔性太阳能电池模块为例进行 MATLAB/Simulink 建模，根据太阳能电池模块的模型可将太阳能电池的子模块搭建出来，如图 5.7 和图 5.8 所示。

仿真参数为

$$\begin{cases} a = 0.0025 \\ b = 0.5 \\ c = 0.00288 \end{cases} \tag{5.7}$$

将参考温度和参考光强设为标准情况下的温度和光强，即

$$\begin{cases} T_{\text{ref}} = 25\text{℃} \\ S_{\text{ref}} = 1000\text{W}/\text{m}^2 \end{cases} \tag{5.8}$$

太阳能电池则以实验所用的大连先端太阳能电池 XD0.85 为模板，可得

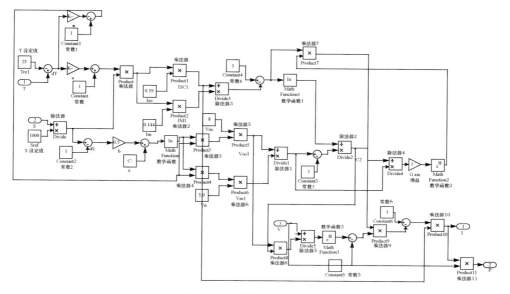

图 5.8　太阳能电池子模块

$$\begin{cases} I_{\text{sc}} = 0.19\text{A} \\ V_{\text{oc}} = 8\text{V} \\ I_{\text{m}} = 0.144\text{A} \\ V_{\text{m}} = 5.9\text{V} \end{cases} \tag{5.9}$$

将外部环境参数按照式(5.8)设置。仿真采用了步长改变的算法 ode23tb(stiff/TR-BDF2)，仿真时间为 0～0.5s。运行程序结果如图 5.9 所示。

由图 5.9 可见太阳能电池在 0.13s 时很快地跟踪到其工作的最大功率点，并保持稳定。说明该 MPPT 算法运行良好。不过，用于可穿戴应用的柔性太阳能电池并不是固定的，而是在不停变化着的，如光强和环境温度等参数变化、因人体运动而造成的光强的骤变等。

5.2.4　智能控制算法

随着智能控制技术的发展，遗传算法、模糊控制、神经网络控制等智能控制方法越来越多地进入研究者的视野当中，并且广泛应用于微电力系统的最大功率点跟踪任务中。

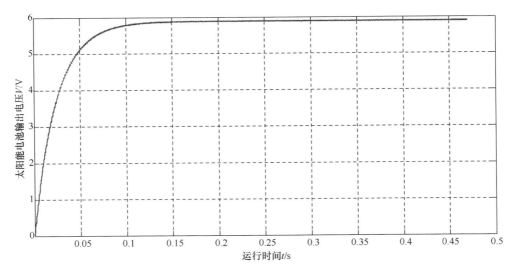

图 5.9　导纳增量法电压跟踪 *V-t* 图

1. 模糊逻辑控制

模糊逻辑控制的工作原理与导纳增量法类似，它们都基于对 dP / dV 值的分析。$E(k) = 0$ 即 dP / d$V = 0$，此时算法找到了最大功率点。然而在多峰值情况下，全局峰值和局部峰值都有相同的 dP / dV 值，无法将它们区分开来。因此模糊逻辑控制无法保证寻找到真正的全局最大功率点。

针对此问题，有一种改进的模糊逻辑控制算法[16]。该算法分为三个步骤：第一步扫描 *P-V* 曲线；第二步将所有可能的峰值参数存储起来；第三步执行扰动观察法。

模糊逻辑控制的三个输入量如式(5.10)所示：

$$\Delta P = P(k) - P(k-1)$$
$$\Delta I = I(k) - I(k-1) \tag{5.10}$$
$$\Delta P_{\mathrm{M}} = P_{\mathrm{m}}(k) - P(k)$$

式中，ΔP 为两个采样时刻的功率差；ΔI 为两个采样时刻的电流变化量；ΔP_{M} 为存储所得最大功率 $P_{\mathrm{m}}(k)$ 与当前测得功率的差值。依据这些输入，共建立了 34 个模糊规则，以占空比变化量为输出值，控制开关电路的占空比实现全局最大功率点跟踪。

2. 人工神经网络

人工神经网络可以用于估计未知参数，这一作用使其能够很好地应用在最大功率点跟踪方面。它的输入量可以是可穿戴泛在能源系统的参数(如 V_{oc}、I_{sc})、环境变量等，输出则一般为电压或者占空比。为了准确地判断最大功率点，需要通过训练计算好相关神经元的权重。当训练完成以后，即可利用人工神经网络作为最大功率点的估计器，从而实现最大功率跟踪控制。

此外，还可以将人工神经网络与传统 MPPT 结合。Karatepe 和 Hiyama 将三层前馈神经网络与模糊逻辑控制相结合[17]，进行最大功率点跟踪。针对非晶硅光伏组件系统，作者还提出用模糊小波网络来确定其最大功率点[18]，总共用了 200 个输入输出对来训练该网络。由于可穿戴泛在能源系统工作环境存在很大的不确定性，我们无法模拟出每一种情况，因此根据现有参数训练得到的模型的泛化能力还需要进一步提高。

3. 进化算法

进化算法是一种随机的算法，尤其适用于对非线性和多模态目标函数优化。由于它是一种搜索优化的方法，理论上说，不论环境怎么变化，这一方法都能够找到最大功率点。特别是针对可穿戴太阳能系统，对于在部分遮阴的实验条件下，P-V 曲线可能出现的多峰值情况，进化算法非常合适。用于 MPPT 的进化算法主要有粒子群优化(particle swarm optimization, PSO)算法、遗传算法(genetic algorithm, GA)和差分进化(differential evolution, DE)算法。下面对 PSO 算法和 DE 算法进行简单的介绍。

1) PSO 算法

PSO 算法是 Kennedy 和 Eberhart 在 1995 年提出来的，其主要原理是由一组具有记忆性的随机粒子，通过搜索适值函数局部极值和全局极值，并按照对粒子的运行速度和位置进行更新迭代，最终找到最优解[19]。

为了方便叙述，有定义如下。

i 为个体在种群中的序列号；g 为当前种群进化代数；N 表示种群的规模，在寻优过程中 N 为常数；c_1、c_2 为学习因子；r_1、r_2 为 [0,1] 的随机数；w 为惯性系数，它是影响算法的一个重要参数；$x_{i,g}(i=1,2,\cdots,N)$ 为粒子群中的每个个体；$v_{i,g}(i=1,2,\cdots,N)$ 为粒子群中第 i 个粒子个体对应的速度；$P_{bi}(i=1,2,\cdots,N)$ 为第 i 个粒子搜索到的局部最优位置；P_g 为粒子群在历史记录中搜索到的全局最优位置。

粒子的速度和位置分别按式(5.11)和式(5.12)来进行更新：

$$v_{i,g+1} = wv_{i,g} + r_1c_1(P_{bi} - x_{i,g}) + r_2c_2(P_g - x_{i,g}) \tag{5.11}$$

$$x_{i,g+1} = x_{i,g} + v_{i,g+1} \tag{5.12}$$

2) DE 算法[20]

DE 算法是由 Storn 和 Price 提出来的，该算法采用了一对一的淘汰机制对种群进行更新，主要包括以下三种操作[21]。各符号定义与 PSO 算法相同。

(1) 变异。通过变异产生新个体，具体产生方式为：对于每个个体 $x_{i,g}(i = 1,2,\cdots,N)$，随机生成三个整数 $r_1, r_2, r_3 \in \{1,2,\cdots,N\}$，这三个整数各不相同。此时该新个体的表达式如式(5.13)所示：

$$v_{i,g+1} = x_{r_1,g} + F \cdot (x_{r_2,g} - x_{r_3,g}) \tag{5.13}$$

式中，F 为变异算子，用于控制差向量 $x_{r_2,g} - x_{r_3,g}$ 对更新速度 $v_{i,g+1}$ 的影响。同时，由于 $r_1 \neq r_2 \neq r_3 \neq i$，所以种群规模 $N \geqslant 4$。

(2) 交叉。将当前个体 $x_{i,g}$ 和新个体 $v_{i,g+1}$ 进行交叉，通过式(5.14)生成试验个体 $u_{i,g}$，$u_{i,g} = (u_{i1,g}, u_{i2,g}, \cdots, u_{iD,g})$。

$$u_{ij,g} = \begin{cases} v_{ij,g+1}, & \text{rand}[0,1] \leqslant \text{CR 或者 } j = I_g \\ x_{ij,g}, & \text{否则} \end{cases}, \quad j = 1,2,\cdots,D \tag{5.14}$$

式中，rand[0,1] 表示产生 0~1 的随机数；CR 为交叉概率，$\text{CR} \in (0,1)$ 为常数；I_g 为[1,N]的随机整数。

(3) 选择。将交叉生成的试验个体 $u_{i,g}$ 和当前个体进行比较，并使用贪婪算法进行优化选择。当试验个体优于当前个体时，试验个体取代当前个体，否则保持当前个体不变。具体选择根据式(5.15)进行：

$$x_{i,g+1} = \begin{cases} u_{i,g+1}, & f(u_{i,g+1}) > f(x_{i,g}) \\ x_{i,g}, & f(u_{i,g+1}) \leqslant f(x_{i,g}) \end{cases} \tag{5.15}$$

式中，f 为适值函数。

5.3　改　进　算　法

5.3.1　基于 P&O 法和导纳增量法的改进 MPPT 算法

为了进一步提高算法的性能，使之在骤变环境中仍然能够有效地跟踪最大功率点，本研究团队提出了一种基于 P&O 法和导纳增量法的改进 MPPT 算法，流程图如图 5.10 所示。

算法在最初采用恒定电压法运行几个周期，使电压快速上升达到开路电压的 75%。之后采用 P&O 法判断最大功率点的位置，即最大功率点跟踪模式 1：当电压跟踪方向不变时，步长 ΔV 保持为初值不变；当跟踪方向改变时，说明已经通过了最大功率点，此时将步长减去一个常数 C，反向寻找最大功率点。步长不断减小直到小于一个设定的最小值时，进入跟踪模式 2。

在跟踪模式 2 下，步长不再下降，这时通过导纳增量法在最大功率点附近进行微小的振荡。在光强缓慢改变或者晴朗少阴的时候，这种微小的振荡是可以忽略的。

当外界光照环境发生骤变时，进入跟踪模式 3，快速追踪发生改变的最大功率点。在判断何时进入跟踪模式 3 时，有两个并行存在的判断条件，满足其一则进入。第一个条件是最大功率点电压值出现了突变，导致跟踪电压连续朝同一个

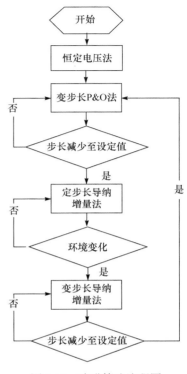

图 5.10　改进算法流程图

方向变化超过 2 次。但是有时第一个条件并不能准确而迅速地判断环境骤变，因此这里设定另一个判断条件，即当功率的变化大于设定值时，系统也进入跟踪模式 3。两个条件并行进行判断能很好地实现光照骤变情况并且能准确而快速地判断。

进入跟踪模式 3 之后，采用变步长导纳增量法，根据功率对电压的导数来改变 ΔV 以快速追踪新的最大功率点。令

$$\Delta V = K \frac{\Delta P}{\Delta V} \tag{5.16}$$

在跟踪模式 3 运行一段时间后，电压逐渐接近最大功率点电压值，ΔV 慢慢变小，直至小于一个阈值，再转入跟踪模式 1，继续采用 P&O 法找到准确的最大功率点，最后进入跟踪模式 2，进行稳定的最大功率跟踪。

跟踪模式 3 通过较大的步长改变量以导纳增量法大范围寻找最大功率点，跟踪模式 1 通过小的步长变化量以 P&O 法寻找准确的最大功率点，在跟踪模式 2

以定步长导纳增量法进行稳定情况下最大功率点的准确跟踪,从而实现能够应对光照骤变的改进最大功率点跟踪算法。该算法并没有用到复杂的公式计算,实现起来不要求所采用的控制器有较强的运算能力,控制效果良好,非常适合在可穿戴柔性太阳能的系统中使用。

下面对该算法进行 MATLAB/Simulink 仿真,环境条件与前面导纳增量法仿真一致,即式(5.9)。仿真结果如图 5.11 所示。

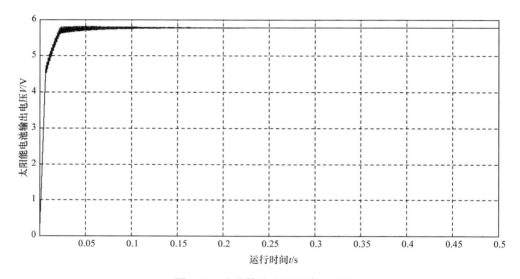

图 5.11   改进算法电压跟踪 $V\text{-}t$ 图

可以看到在稳定的环境下,追踪时间约为 0.05s,并且在追踪过程中振荡逐步减小。下面通过仿真验证算法在环境条件迅速变化时的追踪效果。

假设外部环境以 0.3s 为周期变化,在每个周期的[0, 0.15s]内环境参数如下:

$$\begin{cases} T_{\text{ref}} = 28℃ \\ S_{\text{ref}} = 700\text{W} / \text{m}^2 \end{cases} \tag{5.17}$$

在每个周期的(0.15s, 0.3s]内环境参数如下:

$$\begin{cases} T_{\text{ref}} = 25℃ \\ S_{\text{ref}} = 400\text{W} / \text{m}^2 \end{cases} \tag{5.18}$$

式中,光强对太阳能电池的影响远远大于环境温度的影响。

光强随时间的变化曲线如图 5.12 所示,太阳能电池输出电压随时间的变化曲线如图 5.13 所示,太阳能电池输出功率随时间的变化曲线如图 5.14 所示。由于光强改变时，最大功率点电压改变不大，如图 5.13 中，在光强突然改变时，电压能够迅速追踪到新的最大功率点值，可见该算法在外界环境温度与光强变化的情况下仍然跟踪良好。

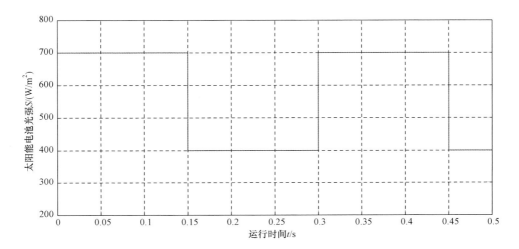

图 5.12　光强随时间的变化曲线

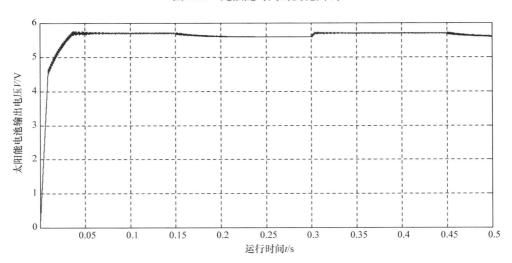

图 5.13　太阳能电池输出电压随时间的变化曲线

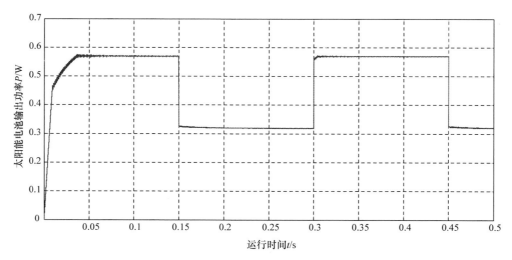

图 5.14　太阳能电池输出功率随时间的变化曲线

5.3.2　PSO-DE 混合算法

　　柔性太阳能电池是可穿戴泛在能源系统中重要的一类。考虑实际情况，环境变化可测时，遮阴情况下的最大功率点跟踪显然比不遮阴情况下更具有现实意义。关于这方面的研究有很多，最常用的算法有 PSO 算法[22-24]和 DE 算法[21]。由于柔性太阳能电池具有易弯曲等特性，它"遮阴"的情况会比普通太阳能电池的情况复杂得多。所以，如何进一步提高 MPPT 算法的跟踪速度，是一个很具有现实意义的问题。

　　对此，本研究团队提出了一种对柔性太阳能电池而言更具有实用价值的算法——基于 DE 算法和 PSO 算法的混合 MPPT 算法。

　　1. PSO-DE 混合算法步骤

　　PSO-DE 混合算法是一种基于 PSO 算法和 DE 算法的双种群混合算法，它的其中一个种群通过 PSO 算法进化得来，另一个种群通过 DE 算法进化得来。通过协调机制实现种群信息的共享与协同优化。与单独的 PSO 算法或者 DE 算法相比，该混合算法在同样的寻优过程中，迭代次数更少，并且所费时间更短。

　　为方便表达，定义 NP 为种群数，并且由于要将混合算法的种群分成两部分，不妨令 NP 为偶数。PSO-DE 混合算法的具体步骤如下[25]。

　　(1) 设置基本参数与边界范围，初始化种群。

　　(2) 将种群平均分成两个子种群：粒子种群(P 群)以及差分进化种群(D 群)，令第 $1 - NP/2$ 个粒子为 P 群的粒子，第 $1 + NP/2 - NP$ 个粒子为 D 群的粒子。

　　(3) 设置初始迭代次数 $g = 1$。

(4) 对 P 群采用 PSO 算法进行更新。

(5) 对 D 群采用 DE 算法进行更新。

(6) 比较 P 群和 D 群的最佳个体，将最佳个体的局部最优值和全局最优值作为整个种群的局部最优值和全局最优值。然后，选出 P 群和 D 群的当前迭代种群中更优的那个，并将其同时赋值给 P 群和 D 群。

(7) 令 $g = g + 1$，检测算法是否达到最大迭代次数，即 $g = g\_max$ 是否成立，或者满足其他终止条件，若满足，则算法运行结束；否则跳转至第(4)步。

2. PSO-DE 混合算法仿真

下面通过仿真来验证 PSO-DE 算法的有效性及优越性，具体步骤如下。

1) 初始化种群参数

设种群规模 $NP = 40$，P 群为第 1～20 个粒子，D 群为第 21～40 个粒子，对种群以及种群中的参数进行初始化：种群维数 $D = 1$；迭代次数 $g = 1$；交叉概率 $CR = 0.1$；学习因子 $c_1 = c_2 = 2$；变异因子 $F = 0.5$；最大迭代次数 $g\_max = 200$；惯性系数 w 定义如式(5.19)所示：

$$
\begin{aligned}
w_{\max} &= 0.9 \\
w_{\min} &= 0.4 \\
w &= w_{\max} - g(w_{\max} - w_{\min}) / g\_max
\end{aligned}
\tag{5.19}
$$

2) 评价粒子的适应度

定义变量为柔性太阳能电池阵列的输出电流 I，即种群的每个个体 $x_{i,g}$，目标函数值 $\text{fitness}(x_{i,g}, D)$ 为柔性太阳能电池阵列的输出功率 P。因此，目标值函数为

$$
\begin{aligned}
\text{fitness}(x_{i,g}, D) = P = IV \\
= s_1 \frac{nkTx_{i,g}}{q} \ln\left(\frac{I_{\text{PH1}} - x_{i,g}}{I_0} + 1 \right) + s_2 \frac{nkTx_{i,g}}{q} \ln\left(\frac{I_{\text{PH2}} - x_{i,g}}{I_0} + 1 \right) \\
+ \cdots + s_M \frac{nkTx_{i,g}}{q} \ln\left(\frac{I_{\text{PHM}} - x_{i,g}}{I_0} + 1 \right) - \sum_{i=1}^{M} s_i x_{i,g}^2 R_s
\end{aligned}
\tag{5.20}
$$

以六个柔性太阳能电池串联的光伏阵列为例，各个模块的光强如图 5.15 所示。

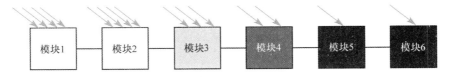

图 5.15　遮阴情况下六个模块光伏阵列配置图

具体光强和温度参数的设置如式(5.21)所示，其中 PH1、PH2、PH3、PH4、PH5 和 PH6 分别为六个模块的光强，T_1、T_2、T_3、T_4、T_5 和 T_6 分别为六个模块的温度参数。

$$
\begin{aligned}
&PH1 = 1kW/m^2, \quad T_1 = 25℃; \quad PH2 = 1kW/m^2, \quad T_2 = 25℃ \\
&PH3 = 0.8kW/m^2, \quad T_3 = 23℃; \quad PH4 = 0.5kW/m^2, \quad T_4 = 20℃ \quad (5.21) \\
&PH5 = 0.1kW/m^2, \quad T_5 = 15℃; \quad PH6 = 0.1kW/m^2, \quad T_6 = 15℃
\end{aligned}
$$

其他参数则参考文献[26]，由式(5.20)可得目标值函数如式(5.22)，其物理意义为六个模块组成的柔性太阳能电池阵列输出功率的总和。

$$
\begin{aligned}
\text{fitness}(x_{i,g}, D) &= P = IV \\
&= 2 \times 1.1103 x_{i,g} \ln\left(\frac{3.8 - x_{i,g}}{2.2 \times 10^{-8}} + 1\right) \\
&+ 1.10285 x_{i,g} \ln\left(\frac{3.8 \times 0.8 - x_{i,g}}{2.2 \times 10^{-8}} + 1\right) + 1.09168 x_{i,g} \ln\left(\frac{3.8 \times 0.5 - x_{i,g}}{2.2 \times 10^{-8}} + 1\right) \\
&+ 2 \times 1.07306 x_{i,g} \ln\left(\frac{3.8 \times 0.1 - x_{i,g}}{2.2 \times 10^{-8}} + 1\right) - 0.2844 \times 6 \times x_{i,g}^2
\end{aligned}
$$

$$(5.22)$$

3) P 群和 D 群分别进行进化

将 P 群中的粒子用 PSO 算法迭代一次，并保存局部最优值 Pb1；将 D 群中的粒子用 DE 算法迭代一次，并保存局部最优值 Pb2。

比较 Pb1 和 Pb2，局部最优值选为 max[Pb1,Pb2]。当 Pb1 优于 Pb2 时，用 P 群粒子更新 D 群粒子；反之用 D 群粒子更新 P 群粒子。

将局部最优值和全局最优值做比较，并更新全局最优值。

4) 检查结束条件

两个结束条件为：①迭代次数达到了设定的最大值，即 $g = g\_\max$；②追踪精度达到要求。

具体过程为：设最大输出功率的精度因子为 θ，迭代次数为 M。从第 $g = M$ 次到第 $g = M+9$ 次连续迭代 10 次，对这 10 次的输出最大功率值求标准差，当标准差小于 θ 时，则认为 MPPT 寻优过程已经完成，且第 $g = M$ 次为最终的迭代次数。

以上两个算法结束条件任意满足一个，则寻优过程结束。记录最后的迭代次数、寻优时间和最大输出功率。如果两个算法结束条件都不满足，则令 $g = g + 1$，

分别对 P 群和 D 群重新进行进化。PSO-DE 混合算法流程如图 5.16 所示。

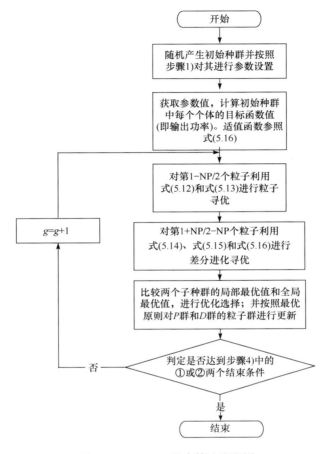

图 5.16 PSO-DE 混合算法流程图

3. PSO-DE 混合算法仿真结果及分析

通过仿真可以得到,设定的柔性太阳能电池光伏阵列的 I-V 特性曲线如图 5.17 所示,P-V 特性曲线如图 5.18 所示。

为了验证 PSO-DE 算法的 MPPT 寻优性能,用 MATLAB 分别对 PSO 算法、DE 算法和 PSO-DE 混合算法的 MPPT 寻优进行仿真,拟定在柔性太阳能电池光伏阵列遮阴情况下,对每种算法运行 1000 次后求平均值,以规避粒子的随机性所带来的误差。

分别设最大输出功率的精度因子 θ 为 0.0001、0.001、0.01、0.1。表 5.1 为在

遮阴情况下六个柔性太阳能电池光伏阵列的 PSO 算法、DE 算法和 PSO-DE 混合算法的仿真结果。

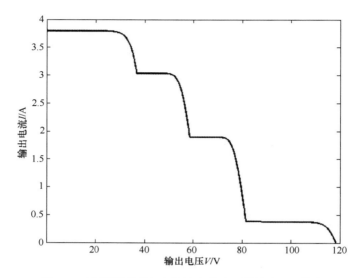

图 5.17　遮阴情况下六个模块光伏阵列的输出 *I-V* 曲线

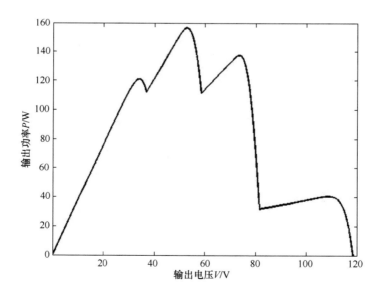

图 5.18　遮阴情况下六个模块光伏阵列的输出 *P-V* 曲线

表 5.1　PSO 算法、DE 算法和 PSO-DE 混合算法的仿真结果

精度因子 θ	寻优算法	平均输出最大功率值/W	平均寻优迭代次数/次	平均每次寻优所用时间/ms	相对误差值/%（$P_{最优}$=156.9315 W）
0.0001	PSO 算法	156.9242	619.71	6872.7	0.0047
	DE 算法	156.9243	10.74	227.7	0.0046
	PSO-DE 混合算法	156.9103	7.95	185.8	0.0135
0.001	PSO 算法	156.9237	42.41	588.4	0.0050
	DE 算法	156.9241	8.91	203.3	0.0047
	PSO-DE 混合算法	156.9155	6.56	170.3	0.0101
0.01	PSO 算法	156.9199	13.81	258.3	0.0074
	DE 算法	156.9223	7.25	192.3	0.0059
	PSO-DE 混合算法	156.8975	4.39	143.5	0.0217
0.1	PSO 算法	156.8935	7.56	185.5	0.0242
	DE 算法	156.9023	5.43	166.3	0.0186
	PSO-DE 混合算法	156.8586	2.61	124.3	0.0464

通过分析表 5.1 可以得出下述结论。

(1) 使用 PSO 算法、DE 算法和 PSO-DE 混合算法三种算法进行寻优时，寻优结果的相对误差值均小于 0.05%，可见三种算法均十分良好。

(2) 使用 PSO 算法、DE 算法和 PSO-DE 混合算法三种算法进行寻优时，精度越大，即精度因子 θ 越小时，寻优所花费的时间越长，寻优结果越精确，误差值越小。

(3) PSO-DE 混合算法和 DE 算法每次寻优所需的时间都很短，算法的收敛速度非常快。即使在精度设定最高的情况下，也就是 θ =0.0001 时，PSO-DE 混合算法的寻优时间也低于 0.2s，DE 算法的寻优时间也低于 0.25s；而 PSO 算法在 θ 较大时，寻优时间以及寻优迭代次数相对其他两种算法差别不大，但是当 θ 较小时，寻优时间和寻优迭代次数相对其他两种算法差别较大。

通过表 5.1 可以计算得到 PSO-DE 混合算法与 PSO 算法、DE 算法的性能关系比较，如表 5.2 所示，从表 5.2 中得出结论：对于遮阴情况下的柔性太阳能电池阵列的最大功率点跟踪，这三个算法在算法的优越性上相对来说 PSO-DE 混合算法最好，DE 算法次之，PSO 算法最差。

精度因子 θ	基准比较算法	迭代次数减少百分比	寻优时间减少百分比
0.0001	PSO 算法	98.72%	97.30%
	DE 算法	25.98%	18.40%
0.001	PSO 算法	84.53%	85.61%
	DE 算法	26.37%	16.23%
0.01	PSO 算法	68.21%	44.44%
	DE 算法	39.45%	25.38%
0.1	PSO 算法	65.48%	32.99%
	DE 算法	51.93%	25.26%

5.3.3　改进型的全局最大功率点搜索算法

可穿戴柔性太阳能电池在环境变化不可测时的最大功率点跟踪的算法主要分为两个步骤：①最大功率点跟踪；②全局最大功率点搜索。不存在局部遮阴的条件下，太阳能电池的 $P\text{-}V$ 曲线并不会出现多峰现象，因此采用传统 P&O 法进行最大功率点跟踪即可。在存在局部遮阴的情况下，多峰现象会使对最大功率点的跟踪陷入局部最优点，因此需要进行全局搜索寻找最大功率点。算法流程图如图 5.19 所示。

基于以上介绍，笔者接下来将主要介绍如何判断太阳能电池板出现局部遮阴以及针对太阳能电池板这一特点对全局最大功率点搜索算法的改进。

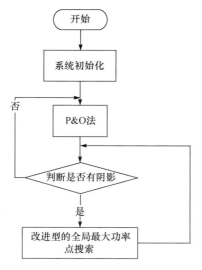

图 5.19　环境变化不可测时算法流程图

1. 局部遮阴判断方法

对于是否产生了局部遮阴，算法采用以下公式来进行判断：

$$\Delta P_{pv} > \Delta P_{set} \tag{5.23}$$

式中，ΔP_{pv} 为最大功率点输出功率的改变值；ΔP_{set} 为最大功率点输出功率改变值的设定阈值。

　　若输出功率的变化突然超过了设定的阈值，则太阳能电池板很有可能出现了局部遮阴情况，此时系统由最大功率点跟踪阶段转入全局最大功率点搜索阶段。这样只有在太阳能电池板出现局部遮阴时才进行全局搜索，可以最大限度地减少系统损耗。

　　为了避免判断算法在某些特殊情况下不能立即判断出局部遮阴，算法同时采用了功率误差绝对值累加的方法来辅助对局部遮阴的判断。一般情况下，局部遮阴会使电压、电流剧烈变化，但如果局部遮阴现象缓慢发生，系统就可能无法准确地探测到这一过程的发生。通过使用功率误差绝对值累加法，当累加值大于设定的阈值时，可以认为这段时间发生了局部遮阴。此时系统由最大功率点跟踪阶段转入全局最大功率点搜索阶段，进行一次全局最大功率点的搜索。如果新得到的最大功率点的输出功率值与原最大功率点相比并没有很大的改变，就增加阈值，反之减小阈值。通过设定阈值的上下界，可以避免系统频繁进行全局搜索，也不会使系统失去对局部遮阴判断的敏感性。

　　局部阴影判断方法流程图如图 5.20 所示。

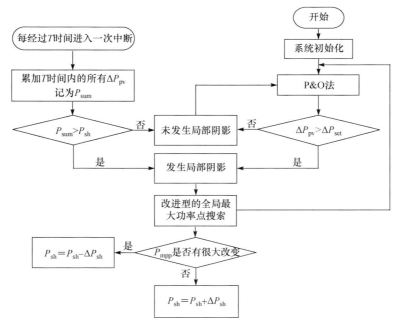

图 5.20　局部阴影判断方法流程图

2. 改进型的全局最大功率点搜索算法

　　在进行全局最大功率点搜索时，直接采用电压扫描法可以非常准确地找到全局最大功率点[27]，但是这种简单的方法会导致发电功率大量损失。因而需要研究在此方法上如何减小损失，即通过设置扫描步长、确定需要扫描的范围、减小扫描时间等方法，尽量减少不必要的扫描和由此产生的瞬态损耗，从而快速准确地跟踪到正确的全局最大功率点。

Gokmen 等提出了一种全局 MPPT 算法的"电压带"的概念[28]，下面通过实验对该算法以及相应的概念进行详细的说明。首先给每一个太阳能电池模组并联一个旁路二极管以避免热斑效应[29]。

为了能够更加精确地对算法进行分析，这里采用了 Siddiqui 和 Abido 在论文中提出的一组标准的太阳能电池参数进行仿真[30]，具体参数如表 5.3 所示。

表 5.3　标准情况下的太阳能电池参数

参数	变量	参数值
最大功率点电压	V_{mp}	16.7V
最大功率点电流	I_{mp}	6.6A
短路电压	V_{oc}	20.7V
开路电流	I_{sc}	7.5A
太阳能电池模块个数	N_{sc}	36

分别对五个和十个太阳能电池模块串联的情况进行仿真，设每个模块所受到的光强为 $100 \sim 1000 \text{W}/\text{m}^2$ 的一个随机值。每种情况进行 10000 次仿真，结果如图 5.21～图 5.24 所示。

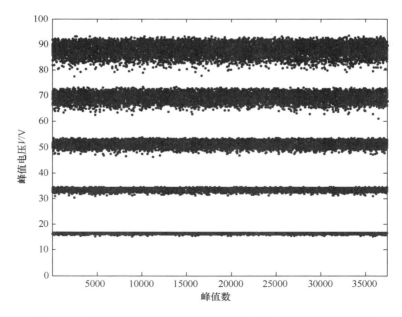

图 5.21　五个太阳能电池串联时局部最大功率点的电压分布情况

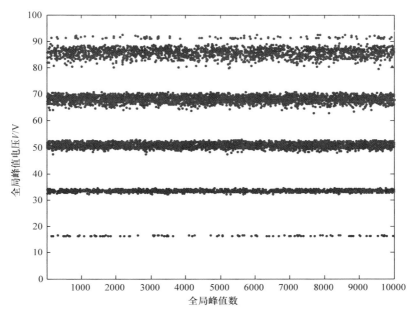

图 5.22　五个太阳能电池串联时全局最大功率点的电压分布情况

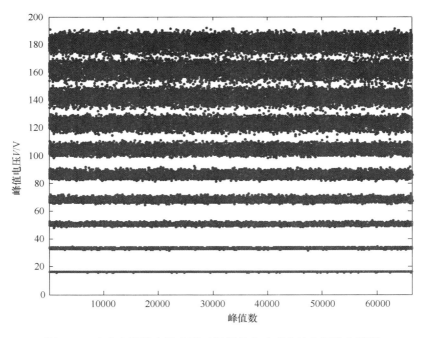

图 5.23　十个太阳能电池串联时局部最大功率点的电压分布情况

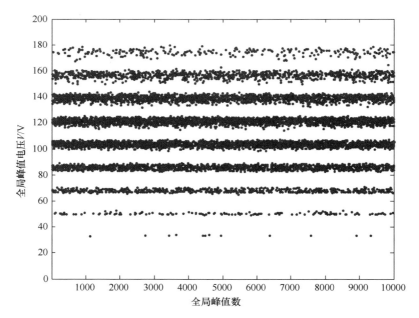

图 5.24　十个太阳能电池串联时全局最大功率点的电压分布情况

　　图 5.21 和图 5.23 是所有峰值电压的分布图,可以看到所有可能的峰值电压主要分布在几条电压带上,电压带的条数等于串联连接的太阳能电池数。电压值比较低的时候,峰值分布比较紧密,非常靠近电压带中心。而电压值高的时候,峰值分布相对较散,但依然能够看出是在某一电压带上。当串联的太阳能电池较多时,情况更加复杂。电压带较大的地方峰值分布更加分散,如图 5.23 所示,电压最高的两个电压带出现了重叠以至于无法区分。

　　图 5.22 和图 5.24 是五个和十个太阳能电池板全局峰值的分布图。从图中得出全局峰值出现在电压值相对中间偏高位置的概率最大,出现在电压值较低位置的概率较小。以图 5.24 的结果为例,0～20V 的电压范围内没有出现过全局峰值,20～40V 的电压范围内也仅出现过 12 次全局峰值。

　　对比图 5.23 和图 5.24,相比于五个太阳能电池,十个太阳能电池串联时,峰值电压的电压带出现重叠,边界模糊,而全局峰值电压的电压带可以明显区分出来,边界依然清晰。

　　表 5.4 为五个太阳能电池串联时峰值电压带分布情况,表 5.5 为五个太阳能电池串联时全局峰值电压带分布情况。可以看出,在电压不是非常低的情况下,所有峰值电压带宽度比全局峰值电压带宽度大一些。结合图 5.21～图 5.24 可知,最后一条电压带的最大电压值,全局峰值和所有峰值电压相差很大。

表 5.4 五个太阳能电池串联时峰值电压带分布情况

峰值电压带	平均峰值电压值/V	最小峰值电压值/V	最大电压值/V	电压带宽/V
第一条	16.55	15.47	16.72	1.25
第二条	33.54	30.93	34.64	3.71
第三条	51.14	45.01	53.81	8.80
第四条	69.33	61.55	73.64	12.09
第五条	88.06	78.49	93.42	14.93

表 5.5 五个太阳能电池串联时全局峰值电压带分布情况

全局峰值电压带	平均峰值电压值/V	最小峰值电压值/V	最大峰值电压值/V	电压带宽/V
第一条	16.63	16.34	16.72	0.38
第二条	33.56	31.51	34.57	3.06
第三条	50.92	47.78	52.93	5.15
第四条	68.35	62.95	71.03	8.08
第五条	85.69	78.57	89.17	10.60

以五个太阳能电池分别光强为 $950\mathrm{W/m^2}$、$900\mathrm{W/m^2}$、$900\mathrm{W/m^2}$、$450\mathrm{W/m^2}$、$200\mathrm{W/m^2}$ 情况下的实验结果为例，所有峰值电压中最大的电压为 91.66V，这一电压值大大高于全局峰值电压带中最大的电压值，如图 5.25 所示。所以在此只考虑存在全局峰值电压带的电压范围。

对全局峰值电压带的五个电压带平均电压值进行直线拟合得到直线：

$$y = 17.29x - 0.843 \qquad (5.24)$$

设置五个串联太阳能电池的光强全为 $1000\mathrm{W/m^2}$，在当前条件下得到系统的开路电压为 103.51V。如图 5.26 所示，这条直线也近似通过开路电压值，因此可以通过开路电压值计算每个电压带的平均值。将开路电压值 $V_{oc} = 103.51\mathrm{V}$ 除以串联太阳能电池数+1 即 6，将所得数值分别乘以 1~5，从而可以得到 17.25、34.50、51.76、69.01、86.26 这五个估算的电压带平均值。这五个估算的电压带平均值与仿真实验得到的数据非常近似。

类似地，在十个太阳能电池串联的情况下，采用相同的方法，可以得到如表 5.6 的数据，结论与五个太阳能电池串联下的结论相同。

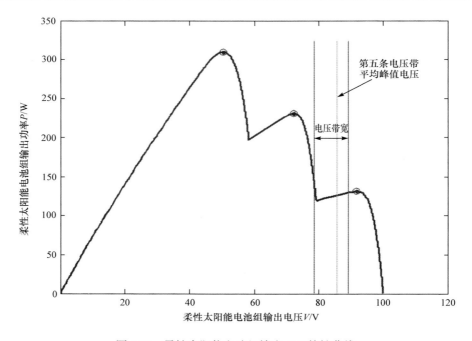

图 5.25　柔性太阳能电池组输出 P-V 特性曲线

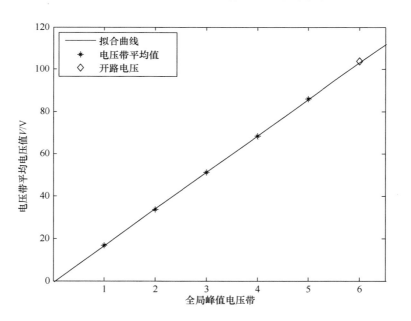

图 5.26　电压带平均值拟合曲线

表 5.6　十个太阳能电池串联时全局峰值电压带分布情况

全局峰值电压带	平均电压值/V	最小电压值/V	最大电压值/V	电压带宽/V
第一条	—			
第二条	33.47	33.30	34.21	0.91
第三条	50.67	49.53	52.76	3.23
第四条	68.20	65.75	70.90	5.15
第五条	85.89	81.73	89.03	7.30
第六条	103.69	97.42	107.42	10.00
第七条	121.38	114.64	125.53	10.89
第八条	139.18	130.97	143.60	12.63
第九条	156.74	148.99	161.36	12.37
第十条	174.00	166.57	178.73	12.16

　　因此，根据太阳能电池的串联情况，即可知道全局峰值电压带平均电压的估计值。N 个电池串联多峰时不同电压带的平均值可以通过式(5.25)来求得

$$V_n = \frac{nV_{oc}}{N+1}, \quad 1 \leqslant n \leqslant N \tag{5.25}$$

式中，n 表示第 n 个电压带；V_n 表示第 n 个电压带的平均电压。这为设定算法的初始电压值以提高最大功率点跟踪效率提供了一个更加简便优良的方案。

　　据此，我们只需要搜索电压带中的电压即可完成全局最大功率点跟踪。在这里可以先搜索每个电压带平均电压值点。值得注意的是，平均电压值点大并不一定说明全局最大功率点会出现在这个电压带中。例如，当五个串联电池的平均光强分别为 $370W/m^2$、$370W/m^2$、$150W/m^2$、$150W/m^2$、$150W/m^2$ 时，可以得到柔性太阳能电池组的 $P\text{-}V$ 特性曲线如图 5.27 所示。

　　图 5.27 中，A 点为第二条电压带平均电压值点，B 点为第五条电压带平均电压值点。A 点的功率高于 B 点的功率，然而 A 点所在电压带的峰值功率却低于 B 点所在电压带的峰值功率。因此有必要对各个电压带进行搜索，找到各个电压带的峰值电压。

　　为了提高算法的跟踪效率，本研究团队提出两种减小电压带搜索范围的策略，并应用在前面提出的算法中进行改进。

　　1) 搜索策略 1

　　在采用电压带方法之后，仍然需要对 $P\text{-}V$ 特性曲线进行搜索，这里采用 Boztepe 等在论文中提出的方法减小搜索范围[31]。

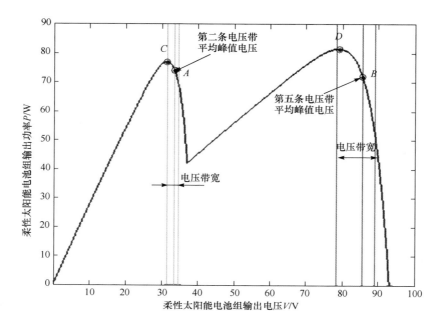

图 5.27　柔性太阳能电池组输出 $P\text{-}V$ 特性曲线

设电压搜索范围为 $[V_{\min}, V_{\max}]$。当前搜索到的最大功率为 P_{store}($P_{\text{store}} \leqslant P_{\text{mpp}}$)，在阴影遮挡条件下式(5.26)成立：

$$I_{\text{mpp}} < kI_{\text{sc}}, \quad 0 \leqslant k \leqslant 1 \tag{5.26}$$

k 的大小由光强所决定，可以令 $k=1$ 即 $I_{\text{mpp}} < I_{\text{sc}}$，则式(5.26)成立。令 $V_{\min\text{stc}} = \dfrac{P_{\text{store}}}{I_{\text{sc}}}$，则式(5.27)成立：

$$V_{\text{mpp}} = \frac{P_{\text{mpp}}}{I_{\text{mpp}}} > V_{\min\text{stc}} \tag{5.27}$$

所以 $V_{\text{mpp}} > V_{\min\text{stc}}$，可以设置搜索边界 $V_{\min} = V_{\min\text{stc}}$。此时从左往右随着电压增加进行搜索，第一个点的数据设为 V_1、I_1、P_1。又因为电流随着电压增加是下降的，所以最大功率点电流肯定是小于这个点电流的，有 $I_{\text{mpp}} < I_1$，令 $V_{\min 1} = \dfrac{P_{\text{store}}}{I_1}$，则式(5.28)成立：

$$V_{\text{mpp}} = \frac{P_{\text{mpp}}}{I_{\text{mpp}}} > \frac{P_{\text{store}}}{I_1} = V_{\min 1} \tag{5.28}$$

又因为：

$$\frac{P_{\text{store}}}{I_{\text{sc}}} = V_{\text{min stc}} < \frac{P_{\text{store}}}{I_1} = V_{\text{min1}} \tag{5.29}$$

所以可以设置最小搜索边界为 $V_{\text{min}} = V_{\text{min1}} > V_{\text{min stc}}$，即再次减小了搜索范围，重复这一过程，就能逐步缩小搜索范围，提高算法跟踪效率。

2) 搜索策略 2

从平均值点开始，采用 P&O 法，在电压带中搜索峰值。对于从平均值点向右功率逐渐升高的情况，可以通过平均值点的电压、电流值和该电压带最大电压计算出在这个电压带中最高的功率值。

为了方便叙述，先进行如下定义。

V_{avg}、I_{avg}、P_{avg} 分别表示电压带中所对应的平均电压值以及与平均电压值相对应的电流值、功率值；V_{max}、I_{max}、P_{max} 分别表示电压带中所对应的最大电压值以及与最大电压值相对应的电流值、功率值；P'_{max} 表示该电压带中可能的最高功率值：

$$P'_{\text{max}} = P_{\text{avg}} + I_{\text{avg}}(V_{\text{max}} - V_{\text{avg}}) \tag{5.30}$$

$$P_{\text{max}} < P'_{\text{max}} \tag{5.31}$$

如果 P'_{max} 小于 P_{store}，则不需要对这个电压带进行搜索了。

如图 5.28 所示，A 点为电压带平均值，C 点为该电压带最大值，B 点为通过

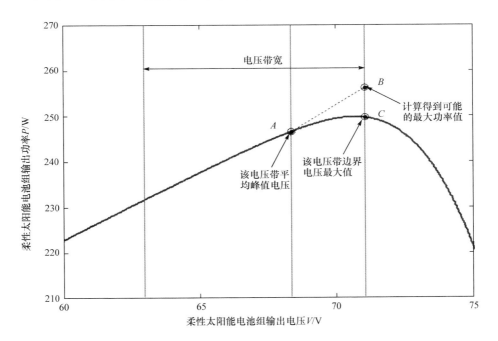

图 5.28 局部 P-V 特性曲线预测最大电压值

计算得到的可能的最大功率值。在搜索最大功率点时可以发现从 A 点开始随着电压增大，输出功率也增大，此时可以采用前面提到的搜索策略 2。如果 $P_B < P_{\text{store}}$，则可以直接跳过搜索过程，不再对这个电压带进行搜索。

综上所述，环境不可测时柔性太阳能电池的最大功率点跟踪算法主要流程图如图 5.29 所示。

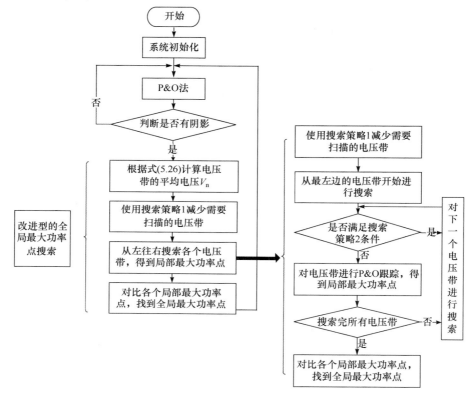

图 5.29　总算法流程图

下面举例说明该算法的应用以及优点。

图 5.30 为所受光强分别为 $1000\text{W}/\text{m}^2$、$900\text{W}/\text{m}^2$、$650\text{W}/\text{m}^2$、$500\text{W}/\text{m}^2$、$200\text{W}/\text{m}^2$ 的五个柔性太阳能电池串联时的 P-V 曲线。当太阳能电池进入上述遮阴状态时，最大功率点跟踪算法进入全局扫描阶段。

首先算法检测图 5.30 中 A、B、C、D、E 五个电压带平均值点处的功率值。由于 D 点功率值最高，记 $P_{\text{store}} = P_D$。根据减小搜索范围策略 1 算得 $V_{\text{min stc}}$ 为 P 点的电压，因此 A 点所在电压带不再进行搜索。再利用 A 点所在电压计算得到 V_{min1} 为 Q 点所在电压，所以 B 点所在电压带不再进行搜索。到这一步后，扫描范围已经不能再减小。

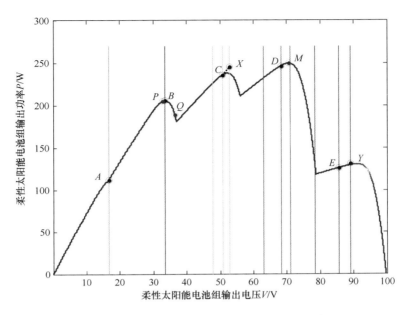

图 5.30　柔性太阳能电池组输出 P-V 特性曲线

在 C 点进行 P&O 扫描,发现局部峰值在 C 点右边,采用搜索策略 2 计算局部峰值可能的最大功率值点为 X,由于 $P_X < P_{store}$,C 点所在电压带不再进行扫描。对 D 点所在电压带进行 P&O 跟踪扫描,找到局部峰值点 M,记 $P_{store} = P_M$。对 E 点所在电压带进行扫描,发现局部峰值在 E 点右边,采用搜索策略 2 计算局部峰值可能的最大功率值点为 Y,$P_Y < P_{store}$,则 E 点所在电压带不再进行扫描。至此,扫描结束,记 M 点为全局最大功率点。

整个过程共扫描了 5 个点(A、B、C、D、E),C 带和 E 带又各向右扫描了一个点,从 D 点进行 P&O 搜索到达 M 点。整个扫描过程范围很小,极大地提高了算法的跟踪速度。

3. 改进型算法的仿真及结果分析

为了证明改进后算法的有效性,即它确实具有提高跟踪效率和避免陷入局部最优的功能,下面继续通过仿真来对其进行验证。

继续使用五个柔性太阳能电池串联的模型进行分析,首先设定柔性太阳能电池阵列所受平均光强的变化过程如表 5.7 所示。

表 5.7　柔性太阳能电池阵列所受平均光强

时间段/s	光强/(W/m²)				
	第一个组件	第二个组件	第三个组件	第四个组件	第五个组件
0～100	1000	900	650	500	200
101～200	1000	600	550	300	200
201～300	800	700	650	500	450

　　用 MATLAB 进行改进型算法的仿真，采样时间设为 0.1s，通过仿真可以得到该柔性太阳能电池阵列在改进型算法的最大功率点跟踪下的 P-t 和 V-t 曲线。同时，采用经典的 P&O 法对该柔性太阳能阵列进行最大功率点跟踪，在相同的条件下得出 P-t 和 V-t 曲线。

　　该柔性太阳能电池阵列在改进型算法的最大功率点跟踪下的 P-t 曲线和 V-t 曲线如图 5.31 所示，在 P&O 法的最大功率点跟踪下的 P-t 曲线和 V-t 曲线如图 5.32 所示。

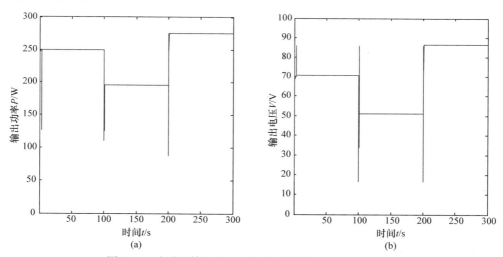

图 5.31　改进型算法最大功率点跟踪下的 P-t 和 V-t 曲线

　　通过对比分析图 5.31 和图 5.32 可以看到,当柔性太阳能电池阵列的光强发生骤变时，改进型算法比 P&O 法跟踪速度更快，跟踪精度更高。当柔性太阳能电池阵列处于光强不均匀的情况下时，改进型算法能够更好地跟踪到全局最大功率点。例如，在第一段仿真时间内，使用改进型算法得到的功率最大值为 250W，追踪到了全局的最大功率点。而 P&O 法最大功率值为 208W 左右，也就是说它陷入了局部最优。这个对比可以明显证明改进型 MPPT 算法的两个优点：①跟踪速度快；②不容易陷入局部最优。

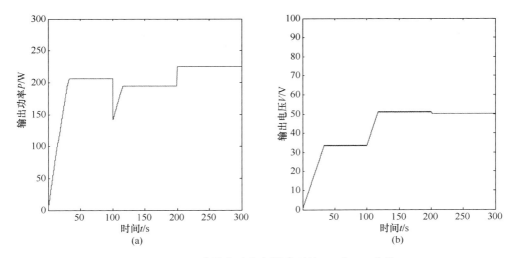

图 5.32　P&O 法最大功率点跟踪下的 *P-t* 和 *V-t* 曲线

通过放大改进型算法最大功率点跟踪下的 *P-t* 和 *V-t* 曲线的细节部分，可以看到改进型算法是如何对该柔性太阳能电池的阵列进行跟踪的。图 5.33 所示为改进型算法最大功率点跟踪下的 *P-t* 和 *V-t* 曲线在 0～5s 内的细节图，它的采样时间为 0.1s。从最开始的跟踪到第一次寻找到最大功率点进行 P&O 法，只用了 0.4s 即四步，这时候采用的是算法中的搜索策略 1。在 3s 左右对最右边的点进行了扫描，这里采用的是搜索策略 2。可以看出这种扫描策略跟踪速度快，损耗功率小。

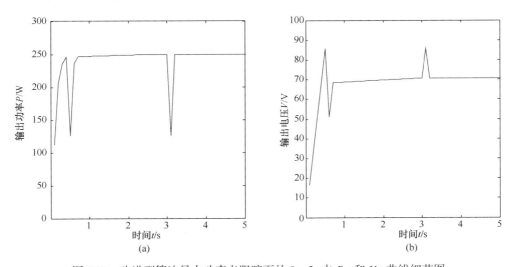

图 5.33　改进型算法最大功率点跟踪下的 0～5s 内 *P-t* 和 *V-t* 曲线细节图

在五个电池串联的阵列中，扫描电压从小往大依次扫描了五个局部最大功率点。通过搜索策略 1 在第四个局部最大功率点的时候进入了 P&O 法, 即为全局最大功率点。为了以防万一, 扫描电压继续增大对第五个局部最大功率点进行扫描, 通过搜索策略 2 进行比较, 可以知道该点不可能是全局最大功率点, 因此扫描电压迅速返回原来的最大功率点的值。

5.4　综合控制器的设计与实现

控制器整体结构框架如图 5.34 所示。控制器设计直接关系到整个系统电能收集的效率。就硬件设计来说, 由于可穿戴泛在能源系统本身收集到的能量相对较少, 因此要尽可能减少在硬件上的能源损耗, 以此提高发电效率。从软件设计来看, 能量小、环境变化因素大等一系列特殊性决定了不能选择常用算法进行简单的设计。需要在常用算法上进行优化, 设计适合应用于小功率可穿戴泛在能源系统的优化算法。本节以本研究团队设计的可穿戴太阳能发电系统为例, 具体说明控制器在硬件和软件上的实现。

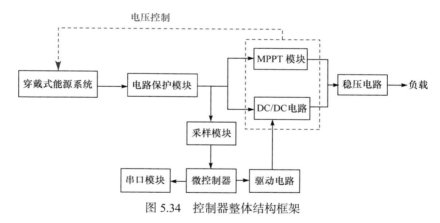

图 5.34　控制器整体结构框架

5.4.1　系统硬件设计

1. Sepic 电路硬件设计

该系统产生的电压和功率都比较低, 电压一般为 4~8V, 很难找到合适的可以应用于 Buck-Boost 电路的金属-氧化层半导体场效应晶体管(metal-oxide-semiconductor field-effect transistor, MOSFET)驱动芯片。在对 Cuk 电路、Sepic 电路和 Zeta 电路进行了认真的分析之后, 最终选择了 Sepic 电路作为我们使用的 DC/DC 电路。

Sepic 电路输出电压与输入电压极性相同, 既可实现升压也可实现降压。其输出电压的大小由 PWM 波来控制。其电路原理图如图 5.35 所示, 其中 Q 为可控开关 MOSFET，电容 C_1 的作用为储能，C_2 的作用为滤波。

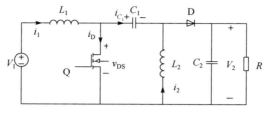

图 5.35   Sepic 电路原理图

MOSFET 开关打开时，其等效电路如图 5.36 所示。

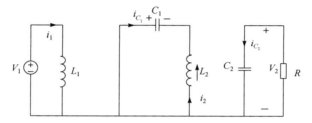

图 5.36   Q 开通时的等效电路图

在图 5.36 中，MOSFET 开通时电路中存在 3 个回路。第一个回路电源 V_1 对电感 L_1 充电，电感电流 i_1 线性增长；第二个回路储能电容 C_1 对 L_2 充电，i_2 增长；第三个回路电容 C_2 维持着负载 R 的两端电压。此时有

$$\begin{cases} V_{L_1} = V_1 \\ V_{L_2} = V_{C_1} \\ i_{C_1} = -I_2 \\ i_{C_2} = -\dfrac{V_2}{R} \end{cases} \tag{5.32}$$

MOSFET 开关关闭时，其等效电路如图 5.37 所示。

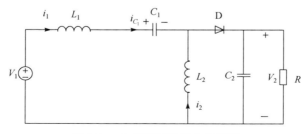

图 5.37   Q 关闭时的等效电路图

在图 5.37 中，MOSFET 开关关闭后，形成两个回路。第一个回路是电源 V_1 和电感 L_1 对电容 C_1 和电容 C_2 充电，同时也向负载供电，i_1 下降；第二个回路是电感 L_2 经过二极管 D 对负载放电的续流回路，i_2 减小。二极管电流 $i_D=i_1+i_2$，此时有

$$\begin{cases} V_1 - V_{L_1} - V_{C_1} - V_2 = 0 \\ V_{L_2} = -V_2 \\ i_{C_1} = I_1 \\ i_{C_2} = I_1 + I_2 - \dfrac{V_2}{R} \end{cases} \tag{5.33}$$

在电路进入稳态后，电感 L 两端的电压 u_L 在一个周期 T 内对时间的积分应该是零，即

$$\int_0^T u_L \mathrm{d}t = 0 \tag{5.34}$$

当 MOSFET 开通时，电感 L_1、L_2 两端电压分别为 V_1、V_{C_1}，当 MOSFET 关闭时，电感 L_1、L_2 两端的电压分别为 $V_1 - V_{C_1} - V_2$、$-V_2$。将数据代入式(5.34)得

$$\begin{cases} t_{\mathrm{on}} V_1 + t_{\mathrm{off}} \left(V_1 - V_2 - V_{C_1} \right) = 0 \\ t_{\mathrm{on}} V_{C_1} + t_{\mathrm{off}} (-V_2) = 0 \end{cases} \tag{5.35}$$

求解式(5.35)可得

$$\begin{cases} V_2 = \dfrac{t_{\mathrm{on}}}{t_{\mathrm{off}}} V_1 = \dfrac{D}{1-D} V_1 \\ V_{C_1} = V_1 \end{cases} \tag{5.36}$$

在电路进入稳态后，一个周期 T 内，电容 C 的电流对时间的积分为零，即

$$\int_0^T i_C \mathrm{d}t = 0 \tag{5.37}$$

当 MOSFET 开通时，流过电容 C_1、C_2 的电流分别为 $-I_2$、$-V_2/R$，当 MOSFET 关闭时，流过电容 C_1、C_2 的电流分别为 I_1、$I_1 + I_2 - V_2/R$。将数据代入式(5.37)得

$$\begin{cases} -t_{\mathrm{on}} I_2 + t_{\mathrm{off}} I_1 = 0 \\ t_{\mathrm{on}} \left(-\dfrac{V_2}{R} \right) + t_{\mathrm{off}} \left(I_1 + I_2 - \dfrac{V_2}{R} \right) = 0 \end{cases} \tag{5.38}$$

求解式(5.38)可得

$$\begin{cases} I_1 = \dfrac{D}{1-D} \times \dfrac{V_2}{R} \\ I_2 = \dfrac{V_2}{R} \end{cases} \tag{5.39}$$

　　由式(5.37)可知，Sepic 电路可以通过改变占空比的大小来改变输入电压与输出电压的比值。$0 < D < 0.5$ 时，电路起降压功能；而 $0.5 < D < 1$ 时，电路起升压功能。

　　1) 太阳能电池参数

　　单片太阳能电池 STC 下开路电压为 8V，短路电流为 0.19A，最大功率点电压值为 5.9V，最大功率点电流值为 0.144A。

　　系统采用 8 片太阳能电池单体并联组成电池阵列。在实际使用的过程中，柔性太阳能电池布置于人体两侧，在同一时间只有一侧可以接收直射光，另一面接收反射光，所以太阳能电池输出功率将会低很多。接下来，我们以 4 个太阳能电池为模型进行计算。根据太阳能电池 STC 下的 I-V 测试曲线，在电压为 4V 时电流约为 0.17A。因此 DC/DC 电路工作时的最大输入电流为 $0.17 \times 4 = 0.68(A)$，取 0.7A。而最大输出电流则利用 DC/DC 电路输入端功率最大，输出电压最小进行计算。输入电压 5.9V，电流为 $0.144 \times 4 = 0.576(A)$，输出电压 2V，则最大输出电流为 1.7A。

　　一般情况下太阳光光强都是低于 STC 下的光强的，标准测试时为太阳能光直射条件，但将柔性太阳能电池布置在人体身上时几乎不可能接受太阳光直射，因此实际情况下系统的最大电流值将会大大低于 STC 下的情况。

　　2) MOSFET 开关频率 f

　　MOSFET 开关频率的选择需要综合考虑到开关损耗、电感尺寸和电感损失几方面的因素。开关频率越高，电感尺寸就越小。然而，MOSFET 的开关损耗以及电感中的磁芯损耗又与工作频率成正比。在本电路设计中选择 20kHz 作为 MOSFET 的开关频率 f。

　　3) 占空比范围 $D_{\min}$、$D_{\max}$

　　计算 $D_{\min}$、$D_{\max}$ 的公式如下，其中 V_{D} 为二极管压降，这里取 0.3V。

$$D_{\min} = \frac{V_2(\min) + V_{\mathrm{D}}}{V_1(\max) + V_2(\min) + V_{\mathrm{D}}} = \frac{2\mathrm{V} + 0.3\mathrm{V}}{8\mathrm{V} + 2\mathrm{V} + 0.3\mathrm{V}} \approx 0.22 \tag{5.40}$$

$$D_{\max} = \frac{V_2(\max) + V_{\mathrm{D}}}{V_1(\min) + V_2(\max) + V_{\mathrm{D}}} = \frac{5.4\mathrm{V} + 0.3\mathrm{V}}{4\mathrm{V} + 5.4\mathrm{V} + 0.3\mathrm{V}} \approx 0.59 \tag{5.41}$$

　　4) 电感 L_1、L_2

　　一般情况下电感 L_1 和 L_2 取相同的电感值。选用方法如下：首先求纹波电流峰峰值，在输入电压取最小值时，纹波电流峰峰值大约等于最大输入电流的 40%。在具有相同电感值的电感 L_1 和 L_2 中的纹波电流由式(5.42)算出：

$$I_{\mathrm{ripple}} = I_{\mathrm{in}} \times 40\% = 0.6\mathrm{A} \times 40\% = 0.24\mathrm{A} \tag{5.42}$$

　　电感可以通过式(5.43)求得，L_1 和 L_2 取相同的电感值：

$$L_1 = L_2 = L = \frac{V_1(\min)}{I_{\text{ripple}} \times f} \times D_{\max} = \frac{4\text{V}}{0.24\text{A} \times 20\text{kHz}} \times 0.59 \approx 492\mu\text{H} \qquad (5.43)$$

电路中电感 L_1 和 L_2 的电压值是相同的，因此可以将它们耦合在一起，以节省 PCB 空间，并减少系统的成本。此时其电感值可以通过以下公式计算：

$$L_1' = L_2' = \frac{L}{2} = \frac{V_1(\min)}{2 \times I_{\text{ripple}} \times f} \times D_{\max} = \frac{4\text{V}}{2 \times 0.24\text{A} \times 20\text{kHz}} \times 0.59 \approx 246\mu\text{H} \quad (5.44)$$

电感 L_1 和 L_2 的峰值电流分别是

$$I_{L_1(\text{peak})} = I_{\text{in}} \times \left(1 + \frac{40\%}{2}\right) = 0.6\text{A} \times \left(1 + \frac{40\%}{2}\right) = 0.72\text{A}$$
$$I_{L_2(\text{peak})} = I_{\text{out}} \times \left(1 + \frac{40\%}{2}\right) = 1.7\text{A} \times \left(1 + \frac{40\%}{2}\right) = 2.04\text{A} \qquad (5.45)$$

5）储能电容 C_1

储能电容 C_1 的选择依据为电流的有效值：

$$I_{C_1} = I_{\text{out}} \times \sqrt{\frac{V_2}{V_1(\min)}} = 1.7\text{A} \times \sqrt{\frac{2\text{V}}{4\text{V}}} \approx 1.2\text{A} \qquad (5.46)$$

储能电容 C_1 需要能够承受这个电流值。Sepic 电路主要适用于电流比较小的系统中，对于其额定电压值的选取则必须大于 Sepic 电路的最大输入电压，并且应该保证一定的裕量。

6）滤波电容 C_2

滤波电容 C_2 的选择十分重要，它需要提供最大的有效输出电流，即

$$I_{C_2(\text{RMS})} = I_{\text{out}} \times \sqrt{\frac{V_2}{V_1(\min)}} = 1.7\text{A} \times \sqrt{\frac{2\text{V}}{4\text{V}}} \approx 1.2\text{A} \qquad (5.47)$$

7）二极管 D

二极管的选择主要是要能承受峰值电流和反向电压，而且正向压降要尽可能小，以减小损耗，这里选择肖特基二极管。二极管必须能够承受的最小反向峰值电压为 $V_1 + V_2$。

2. MOSFET 的选取及其驱动电路

MOSFET 作为 Sepic 电路中实现 DC/DC 变换功能的核心开关元件，其选取十分重要。而之所以选用 Sepic 电路而不是 Buck-Boost 电路，也是因为 MOSFET 的问题。

在此，选择 N 沟道的 MOSFET 作为驱动。其峰值电压为输入电压和输出电压之和，本系统中为 8V+5V=13V，为了保证一定的裕量，这里选用的最大漏源电压 V_{DS} 达到 20V；由于 S 极接地，G 极为 PWM 信号端，这里选用最大栅源电

压 V_{GS} 达到 8V、栅源临界电压 V_{GS}(th)低于 2.5V 的 MOSFET 器件；在以上条件都满足要求时，优先选择导通漏源电阻 R_{DS}(on)小的。经过综合考虑选择威世半导体(Vishay)生产的型号为 Si4136DY 的 MOSFET。

本系统设计使用的核心控制器为 MSP430F149 单片机，其内置了 PWM 发生器，可以根据实际需要输出特定占空比的 PWM 信号，用来控制 MOSFET 的开通与关闭，但是单片机只能输出信号电流，不能产生功率电流，需要外接驱动芯片提供功率电流以增强驱动能力。经过分析比较，研究团队选用 TI 公司生产的 TPS2829 同向高速 MOSFET 驱动器，以实现单片机对 MOSFET 的控制。其常用外围电路配置如图 5.38 所示。

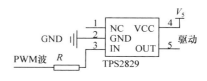

图 5.38　MOSFET 驱动电路

3. 信号采集与调理模块

MSP430F149 微处理器集成有带采样保持器的 8 通道 12 位 AD 转换器，足以满足系统的采集功能及分辨率的要求。AD 转换器使用的参考电压为芯片内置 2.5V 电压，对于需要采集的模拟信号，可先进行信号调理，将输入的模拟信号转换到 0～2.5V，使单片机可以直接处理。

信号调理使用 TI 公司的 LPV324M 芯片，它是一款低电压、低功耗、轨至轨输出的精密运算放大器，能在 2.7～5V 下工作。系统采用 3.3V 为其供电，供应电流 28μA，功耗很小。

系统需要检测 3 个模拟量：柔性太阳能电池输出的电压和电流，用来进行最大功率点跟踪控制；超级电容器的端电压，用来控制超级电容器的充电，防止过充。

对于负载电流，只需通过将采集的电流值转换为电压量后通过电压比较器比较即可确定负载电流是否过流，不需要知道其精确值，从而实现对负载的保护。

太阳能电池与超级电容器的模拟量采集方法相同，其电压的采集采用分压法，由 R_2 和 R_3 进行分压，如图 5.39 所示。工作电流的检测可以采用 0.02Ω 的精密电阻 R_1，将电流值转换为电压值。

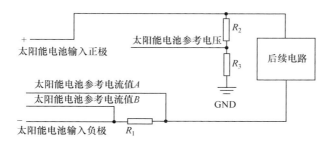

图 5.39　太阳能电池电压、电流采样

如图 5.40 所示，电压采样值经过运算放大器 LPV324M 构成的乘法电路对电压进行调整，并增强信号，然后经过一个同样由运算放大器 LPV324M 构成的二阶低通滤波电路进行处理。

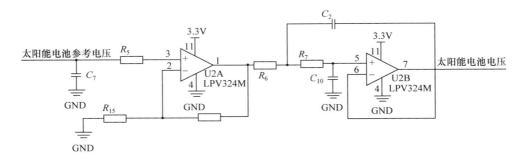

图 5.40　太阳能电池电压信号调理电路

太阳能电池的电压同时会在分压后与一个参考电压进行比较，结果直接送至单片机 I/O 口，作为单片机进入休眠后的唤醒信号，如图 5.41 所示。

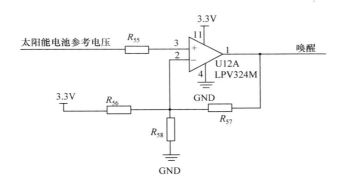

图 5.41　太阳能电池电压比较电路

如图 5.42 所示，电流经过一个 0.02Ω 的精密电阻之后，会转换为一个非常小的电压，采用 INA194 芯片将其转化为一个较大的电压信号。INA194 是 TI 公司生产的电流并联监视器，这是一款专用于电流检测的芯片，它能够将 VIN+ 和 VIN−的电压差值放大 100 倍。如果电流值为 1A，通过检测电路后就会转换为

$$1A \times 0.02\Omega \times 100 = 2V \tag{5.48}$$

经过电流检测电路的转换，0～1A 的电流被转换成了 0～2V 的电压，这个电压符合单片机 AD 转换要求的输入电压。在完成电流到电压的转换后，再经过一个二阶低通滤波器就可以将电压信号送至单片机进行 AD 转换了。

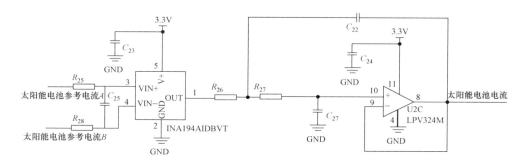

图 5.42　太阳能电池电流信号调理电路

电流也同样有一个经过比较器产生的信号，这个信号用来指示单片机从 MPPC 模块工作转向 DC/DC 变换电路工作，如图 5.43 所示。

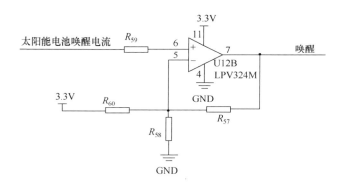

图 5.43　太阳能电池电流比较电路

采集超级电容器的电压采用与太阳能电池电压相同的方法，先使用电阻分压，再通过运算放大器放大电压倍数并对信号进行增强，之后通过一个二阶滤波电路，如图 5.44 所示。超级电容器电压采集电路还有一个电压比较电路，如图 5.45 所示。电压比较电路将分压后的电压值与 3.3V 经过分压之后的电压值进行比较，得到的电压值直接输入单片机的 I/O 口，用来指示超级电容器是否过压，这样的信号更为准确直接。当超级电容器过压时，单片机能够迅速而准确地感知，并在第一时间做出反应，控制超级电容器充电电路关断，防止超级电容器过压损坏。

这里电流信号通过运算放大器做差后与 3.3V 分压后的参考电压值比较，比较器输出电压直接输入单片机的 I/O 口，用来判断负载是否过流。

4. 电路保护模块

为保护系统安全，使其免受浪涌高压的损害，在太阳能电池的接入端并联了瞬态电压抑制器(transient voltage suppressors)。当瞬态电压抑制器承受一个高能量的瞬时过压脉冲时，其阻抗将立即降至很低的导通值，允许大电流通过，并将电压钳位到预定水平。

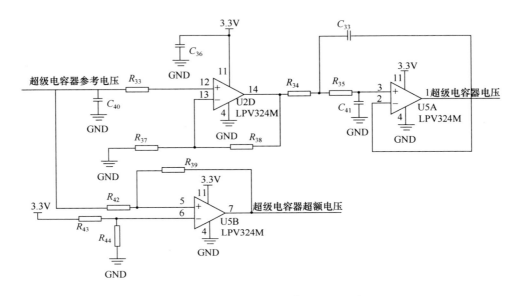

图 5.44　超级电容器电压信号调理电路

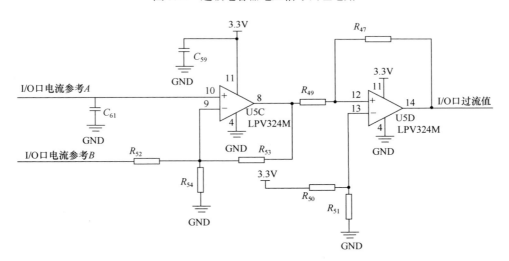

图 5.45　负载电流信号调理、比较电路

除此之外，还设计在太阳能电池接入端、负载接入端和超级电容器接入端并联了防反接二极管，防止设备反接将系统烧坏。电路具体情况如图 5.46 所示。

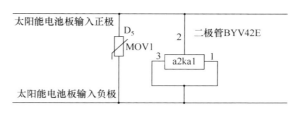

图 5.46　瞬态电压抑制器与防反接二极管电路图

5. 控制器 MSP430F149

MSP430 单片机是 16 位的微处理器系统，不但可以以超低功耗运行，而且具有强大的数字/模拟信号处理能力，被广泛应用于要求低功耗、高性能、便携式的设备上。MSP430F149 是 MSP430 现阶段应用最为广泛的一款控制器，它体积小、性价比高，具有以下特征[32]。

(1) 超低功耗，5 种超低功耗操作模式，低至：0.1μA ——RAM(random access memory)保持模式；0.7μA ——实时时钟模式；200μA /MIPS——有源；可在 6μs 内从待机模式快速唤醒。

(2) 高达 8MHz 的中央处理器(central processing unit, CPU)速度。

(3) 1.8～3.6V 操作。

(4) 高达 10KB 的 RAM。

(5) 广泛适用于各种高性能模拟和智能数字外设。

MSP430F149 芯片的最小系统如图 5.47 所示。

6. 电磁兼容

在本系统中，有能量流动的功率主电路，也有电压、电流信号的采集与调理模块以及功率 MOSFET 的驱动模块，这些都是模拟电路。而单片机数字信号处理模块主要为数字电路，因此系统设计时更需要考虑电磁兼容性(electro magnetic compatibility，EMC)设计，提高抗干扰能力。

在设计电路板时，首先需要将模拟地和数字地进行隔离。贴片铁氧体对低频电流没有阻抗，却能极大地衰减高频电流，常用于数字电路与模拟电路之间的滤波。贴片铁氧体磁珠是一种抗干扰组件，廉价、易用，滤除高频噪声效果显著，可以有效抑制电磁干扰[33]。因为本系统整体的功率比较低，所以选择贴片铁氧体磁珠来隔离模拟地与数字地即可，如图 5.48 所示。

PCB 器件布局对电路的电磁干扰特性也有重要影响，所以本设计中依据如下规则进行器件布局[34]。

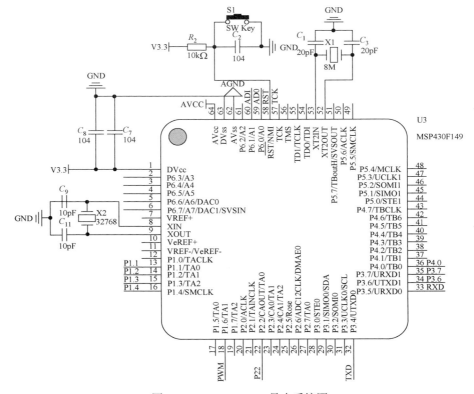

图 5.47　MSP430F149 最小系统图

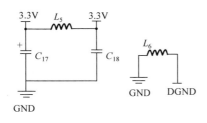

图 5.48　贴片铁氧体磁珠隔离电路图

（1）在布局上按信号流通的方向布置各个模块的位置以便信号流通。

（2）以功能模块的核心元器件为中心，布置与其相关的外围元件，减小承担统一功能的各元件间的距离。

（3）对于高频电路，尽量减少高频元件间的距离，降低电磁干扰。

（4）对于本系统硬件设计的电路布局，模拟电路和数字电路区域各自集中、整体分开，避免产生公共阻抗耦合。

5.4.2　系统软件设计

1. PWM 模块

系统采用 PWM 占空比调节来控制 DC/DC 电路的升降压。其波形的生成与输出采用单片机中的 Timer_A 模块，其可以输出 2 路 PWM 波形。Timer_A 模块有三个寄存器：TACCR0、TACCR1 和 TACCR2，TACCR0 用来设置控制周期 T，TACCR1 或者 TACCR2 寄存器结合可以控制 PWM 波形的可变占空比。

在系统的程序设计中，只需要选择一路 PWM 波形即可，这里采用 TACCR1 寄存器。对寄存器的设置如下。

(1) PWM 初始化时设定 Timer_A 时钟源为 8MHz 时钟。

(2) 定时器计数模式设置为增计数模式，即以 TACCR0 用作 Timer_A 增计数模式的周期寄存器，计数器 TAR 可以增计数到 TACCR0 的值，当计数值与 TACCR0 的值相等时，定时器复位并从 0 开始重新计数。

(3) PWM 输出模式采用输出模式 7(PWM 复位/置位模式)，即输出电平在 TAR 的值等于 TACCR1 时复位，当 TAR 的值等于 TACCR0 时置位。

在这样的输出模式下，每次 TAR 计数值超过 TACCR1 时，TA1 引脚会自动置低，当 TAR 计数至 TACCR0 时，TA1 引脚会自动置高，这样输出的波形就是 PWM 波。在实际使用过程中，只需改变 TACCR0 的值就可以改变 PWM 波的周期，改变 TACCR1 即可改变从 TA1 引脚输出的 PWM 波信号的占空比，并且 TACCR1 越大，占空比也越大，见图 5.49。系统中，设定 TACCR0=400，这样 PWM 波的频率为 8MHz/400=20kHz。然后根据采样数据和 MPPT 算法，修改 TACCR1 的值，即可改变 PWM 波的占空比，进而对 DC/DC 电路进行控制。

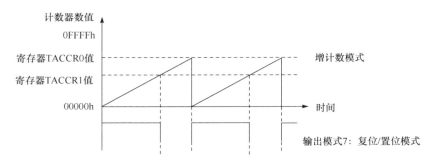

图 5.49　采用 Timer_A 产生 PWM 波原理图

2. AD 转换模块

电压、电流值的采集通过 MSP430 单片机内置的 8 通道 12 位 AD 转换器即可实现。因为系统需要采集太阳能电池电流值、电压值和超级电容器电压值三组模拟信号，所以需要用到 3 路模拟数字转换器(analog to digital converter, ADC)通道，工作方式选择序列通道转换单次采样的方式，通过手动方式控制采样的时间，详细程序框图如图 5.50 所示。

在系统启动时，首先初始化 ADC 模块，设定采样保持时间、采样方式、采样通道、ADC 时钟源、采样存储器、采样触发源、参考电压等参数，开启采样存储器 MEM2 中断，使能转换。

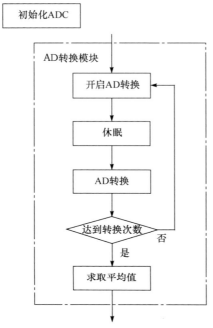

图 5.50　ADC 模块程序框图

在单次采样工作方式下，每次序列通道转换完成后需要执行如下指令才会开始下一次序列通道转换：

$$ADC12CTL0 \mathrel{|}= ADC12SC$$

进入 AD 转换程序之后，首先使用上述指令开始转换，然后单片机进入低功耗状态，当有 ADC 中断时进入中断程序开始 AD 转换。

由于系统中电压、电流的波动性以及可能存在的各种干扰，需要进行一定的数字滤波。为了简化计算、节省运算数量，系统采用平均值法进行滤波平滑。这样就完成了一次 AD 转换模块的程序，进入下一个程序模块。

3. 电路保护模块

系统中需要特别保护的内容为：超级电容器过压保护和负载过流保护。

如果超级电容器产生过压，信号检测电路会产生一个中断信号，在中断函数程序中系统会将"超级电容器过压标志位"置 1，然后离开中断函数，回到主程序继续运行。在完成 AD 转换后，进入"超级电容器过压标志位"的判断，如果为 1，则判断超级电容器是否依然超过阈值并进行计数。如果连续多次超过阈值，则立即产生关断 DC/DC 通路的控制信号，停止太阳能电池继续对超级电容器充电，并使系统进入低功耗模式，直至超级电容电压低于阈值。计数判断的目的是阻止脉冲电压造成的误判。

负载过流保护方法与超级电容器过压保护方法类似，通过 I/O 中断置位标志信号，多次检测验证电路是否过流，如果过流则关断 MOSFET，断开负载连接。

4. 低功耗软件设计

由于系统为能量采集系统，同时也是自供能系统，而且收集到的能量十分有限，所以需要尽量减少系统能量的消耗，进行合理的低功耗设计。

MSP430F149 的定位即为低功耗单片机，在程序设计时，应使单片机尽量处于低功耗状态，充分利用其完善的中断机制，在中断到来时再唤醒单片机进行工作。

在硬件设计时，系统设计了一条与 DC/DC 通路并联的最大功率点控制 (maximum power point control, MPPC)通路，其可保证在太阳能电池功率较低时，断开 DC/DC 通路，同时使单片机进入低功耗状态，关闭 CPU 并停止晶振，当太阳能电池电流达到阈值时再唤醒单片机。

在运行 AD 转换程序时，系统先进入低功耗状态，当有 AD 中断时再唤醒单片机进行 AD 转换。

在单片机进行数值计算时，尽量采用简单的计算方式，节省时间，降低功耗。例如，对于数据与 $2n$ 的乘积，就可以使用左移 n 位的方法替代，将乘法操作变为移位操作，大大减少了对系统资源的占用。

5.5　小　　结

本章主要对可穿戴能源系统控制算法的设计与实现进行了介绍。首先介绍了两种传统的最大功率点跟踪控制算法，以及基于智能控制技术发展起来的新型智能控制算法。然后介绍了本实验室在传统算法基础上提出的改进算法。最后完成综合控制器的设计，将所设计的算法通过硬件实现。

参 考 文 献

[1] Fan X Y, Deng F, Chen J. Voltage band analysis for maximum power point tracking of stand-alone PV systems. Solar Energy, 2017, 144C: 221-231.

[2] 李凤梅, 邓方, 郭素, 等. 基于粒子群和差分进化混合算法的局部遮荫光伏发电系统 MPPT 控制的研究. 第 32 届中国控制会议, 西安, 2013: 7553-7557.

[3] 樊欣宇. 可穿戴太阳能供电系统研究与设计. 北京: 北京理工大学, 2013.

[4] 李凤梅. 柔性太阳能电池建模与能量转换控制方法研究. 北京: 北京理工大学, 2013.

[5] 陈科, 范兴明, 黎珏强, 等. 关于光伏阵列的 MPPT 算法综述. 桂林电子科技大学学报, 2011, 31(5): 386-390.

[6] Kish G J, Lee J J, Lehn P W. Modelling and control of photovoltaic panels utilising the incremental conductance method for maximum power point tracking. IET Renewable Power Generation, 2012, 6(4): 259-266.

[7] 刘智涯, 曲延滨. 小型风电系统功率控制算法的研究. 电气传动, 2010, 40(8): 54-56.

[8] 敬敏, 何金伟. 恒压法与三点法相结合的 MPPT 优化算法. 中国电源学会第 18 届全国电源技术年会论文集, 厦门, 2009: 485-486, 498.

[9] 徐高晶, 陈婷, 徐韬. 基于变步长滞环比较法的 MPPT 算法研究. 电气技术, 2011, 201(1): 9.

[10] 乔兴宏, 吴必军, 王坤林, 等. 基于模糊控制的光伏发电系统 MPPT. 可再生能源, 2008, 26(5): 13-16.

[11] 吴大中, 王晓伟. 一种光伏 MPPT 模糊控制算法研究. 太阳能学报, 2011, 32(6): 808-813.

[12] 孙德达. 光伏发电系统最大功率点跟踪研究. 济南: 山东大学, 2014.

[13] Patel H, Agarwal V. Maximum power point tracking scheme for PV systems operating underpartially shaded conditions. IEEE Transactions on Industrial Electronics, 2008, 55(4): 1689-1698.

[14] Carannante G, Fraddanno C, Pagano M, et al. Experimental performance of MPPT algorithm for photovoltaic sources subject to inhomogeneous insolation. IEEE Transactions on Industrial Electronics, 2009, 56(11): 4374-4380.

[15] Koutroulis E, Blaabjerg F. A new technique for tracking the global maximum power point of PV arrays operating under partial-shading conditions. IEEE Journal of Photovoltaics, 2012, 2(2): 184-190.

[16] Alajmi B N, Ahmed K H, Finney S J, et al. A maximum power point tracking technique for partially shaded photovoltaic systems in microgrids. IEEE Transactions on Industrial Electronics, 2013, 60(4): 1596-1606.

[17] Karatepe E, Hiyama T. Artificial neural network-polar coordinated fuzzy controller based maximum power point tracking control under partially shaded conditions. IET Renewable Power Generation, 2009, 3(2): 239-253.

[18] Karatepe E, Hiyama T. Fuzzy wavelet network identification of optimum operating point of non-crystalline silicon solar cells. Computers & Mathematics with Applications, 2012, 63(1): 68-82.

[19] Kennedy J, Eberhart R. Particle swarm optimization. Proceedings of the IEEE International Conference on Neural Networks, 1995, 4(2): 1942-1948.

[20] Storn R, Price K. Differential evolution:A simple and efficient heuristic for global optimization over continuous spaces. Journal of Global Optimization, 1997, 11(4): 341-359.

[21] 周艳平, 顾幸生. 差分进化算法研究进展. 化工自动化及仪表, 2007, 34(3): 1-6.

[22] 陈如清. 基于差分进化粒子群混合优化算法的软测量建模. 化工学报, 2009, 60(12): 3052-3057.

[23] 宋绍楼, 陈龙虎, 陈晓菊, 等. 基于粒子群多峰值 MPPT 算法的光伏系统研究. 计算机测量与控制, 2012, 20(5): 1354-1356.

[24] 李天博, 褚俊, 陈坤华. 基于粒子群算法的 MPPT 仿真及应用. 电力电子技术, 2012, 46(1): 7-9.

[25] 马永刚, 刘俊梅, 高岳林. 一种新的双种群 PSO-DE 混合算法. 武汉理工大学学报(交通科学与工程版), 2011, 35(6): 1261-1264.

[26] 刘艳莉, 周航, 程泽. 基于粒子群优化的光伏系统 MPPT 控制方法. 计算机工程, 2010, 36(15): 265-267.

[27] 张渊明, 孙彦广, 张云贵. 基于电压扫描和电导增量法的局部遮荫条件下多峰 MPPT 方法. 电力建设, 2012, 33(6): 55-59.

[28] Gokmen N, Karatepe E, Ugranli F, et al. Voltage band based global MPPT controller for photovoltaic systems. Solar Energy, 2013, 98: 322-334.

[29] 田琦, 赵争鸣, 邓夷, 等. 光伏电池反向模型仿真分析及实验研究. 中国电机工程学报, 2011(23): 121-128.

[30] Siddiqui M U, Abido M. Parameter estimation for five-and seven-parameter photovoltaic electrical models using evolutionary algorithms. Applied Soft Computing, 2013, 13(12): 4608-4621.

[31] Boztepe M, Guinjoan F, Velasco-Quesada G, et al. Global MPPT scheme for photovoltaic string inverters based on restricted voltage window search algorithm. IEEE Transactions on Industrial Electronics, 2013, 61(7): 3302-3312.

[32] 郑煊, 刘萌, 张鹃. 微处理器技术——MSP430 单片机应用技术. 北京: 清华大学出版社, 2014: 1-7.

[33] 陈海霞. 基于 MCU 燃料电池汽车发动机系统控制研究. 沈阳: 东北大学, 2008.

[34] 黄智伟. 印制电路板(PCB)设计技术与实践. 北京: 电子工业出版社, 2009: 150-154.

第6章 可穿戴能量存储与利用

6.1 引　　言

随着科学技术的飞速发展，特别是第二次、第三次工业革命以来，人们的生活已经和"电"紧密结合在了一起，电灯、手机、计算机等各种电子设备充斥着我们的生活，而这些电子设备都需要电能，由此带来了电能的存储问题。特别是近年来，各种移动便携式电子器件的普及，推动了电能存储技术以及储能材料的发展。目前已经应用或者有发展前景的电能存储方式主要可分为机械储能、电化学储能和电磁储能三大类。其中，最适合可穿戴能量存储与利用的是电化学储能，而在电化学储能方式中最常见的便是锂离子电池存储方式。随着能源技术的研究，也出现了如超级电容器作为储能器件的电能存储方式。

6.2　锂离子电池存储

6.2.1　锂离子电池储能原理

锂离子电池是日本 SONY 公司于 1991 年研制成功的。目前在移动式产品中，锂离子蓄电池拥有全球市场 70%以上的占有率。这种电池工作电压高、能量密度大，因此要提供相同的能量，所需锂离子电池的数量就会变少，当然重量也会变轻，特别适用于移动便携式电子器件的能源供给[1]。目前主要应用于手机、笔记本电脑等通信设备中。

锂离子电池的基本结构主要分为五部分：正极、负极、电解液、隔膜和电池外包装，如图 6.1 所示[2]。

锂离子电池的性能一般取决于其正极材料和电解质材料。现阶段锂离子电池的正极材料主要分为过渡金属嵌锂氧化物材料、金属氧化物材料、金属硫化物材料三种[3-5]，负极材料包括无机非金属材料、金属类材料、金属氧化物材料等。市面上

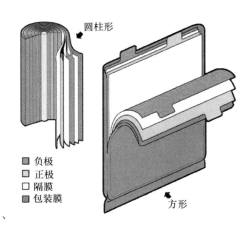

图 6.1　锂离子电池的基本结构(见彩图)

常见的用于制作锂离子电池的正极材料是过渡金属嵌锂氧化物材料，负极主要由石墨类材料制作。锂离子电池隔膜材料一般为多孔性聚烯烃类材料，用于隔绝正极和负极材料，避免正极和负极的接触造成短路现象。电解质是锂离子电池的核心，在电池正、负极之间输送和传导电流，在很大程度上决定着锂离子在电池中的传输，影响电池的工作机制，并决定着锂离子电池的安全性能，因此目前科学界对电解质材料的研究已经成为锂离子电池研究的关键工作[6]。

　　锂离子电池中的锂离子在电解液或者电解质中进行传输，在充电过程中，锂离子从正极材料中脱出，通过隔膜电解质和电极表面形成的钝化固体电解质界面(solid electrolyte interface，SEI)膜嵌入负极材料的晶格体系，锂离子脱出后正极材料处于贫锂的高电位状态而负极处于富锂的低电位状态；相应地，在放电过程中，锂离子从负极材料的晶格中脱出，通过隔膜电解质和电极表面形成的钝化 SEI 膜嵌入正极材料，此时则正极为富锂的低电位状态，负极成为贫锂的高电位状态。在充放电过程中，外电路也会发生相应的电子转移，使正极和负极分别发生氧化还原反应并保持一定电势[2]。

　　正极为钴酸锂材料，负极为石墨材料的锂离子电池在充放电过程中发生的电极反应如下所示[7]。

正极反应：$LiCoO_2 \underset{放电}{\overset{充电}{\rightleftharpoons}} Li_{1-x}CoO_2 + xLi^+ + xe^-$

负极反应：$6C + xLi^+ + xe^- \underset{放电}{\overset{充电}{\rightleftharpoons}} Li_xC_6$

6.2.2　锂离子电池与可穿戴结合

　　谷歌眼镜、苹果 iWatch、移动手机等电子设备大力发展的今天，能源供应问题仍然是一个大的难题。一方面可穿戴电子产品大力发展，另一方面其电力供应问题难以解决。可穿戴电子产品对其电池的要求不仅是提供正常运行所需的电能，还需要追求更小的体积、更轻的重量。此前，上海复旦大学的研究人员就曾制备出基于碳纳米管(carbon nanotube，CNT)的纤维状全锂离子电池，可被灵活地编织成具有高性能的柔性能源纺织品。

　　全固态薄膜锂离子电池利用固态电解质替代传统电解液，采用多层薄膜堆垛的平面结构，属于新一代的锂离子电池，在军民两用的可穿戴设备、便携式移动电源、汽车和航空动力电池等领域应用前景广阔。该类电池因高安全性、长循环寿命、高比容量和高能量密度等优势受到业界的广泛关注[8,9]。

　　薄膜型电池全部结构为固态薄膜，最大优势是无过热、渗漏、胀气、烧坏的现象，寿命长、柔性可弯曲，且工作电压高，循环寿命长，比容量和能量密度高，有望彻底解决电池安全性问题，符合未来大容量化学储能技术发展方向。

薄膜锂离子电池结构主要由固态
基片和基片表面的固态功能薄膜层构
成。图 6.2 为功能薄膜层示意图，功能
薄膜层包括阴、阳极集电极层，阳极层，
阴极层，固体电解质层，密封层，特征
厚度仅10μm。

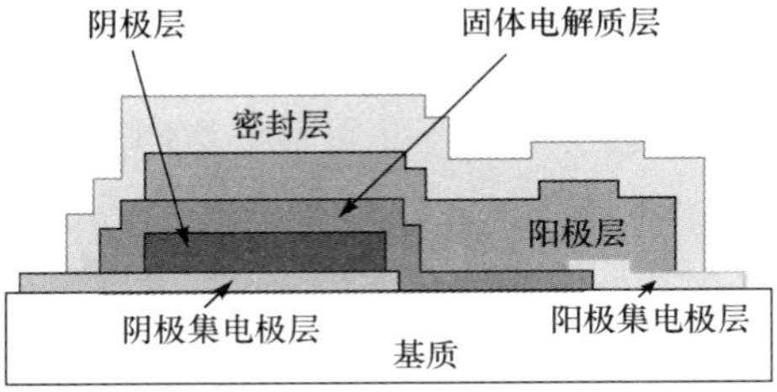

图 6.2　功能薄膜层示意图

6.2.3　锂离子电池储能的优弊

锂离子电池作为储能材料的主要优势包括以下几个方面[2]。

(1) 工作电压高。一般锂离子电池的工作电压为 3.6V 左右，有些可以达到 4V，其工作电压远远超出了其他类型的二次电池。

(2) 自放电小，循环使用寿命长。锂离子电池首次充放电循环后，正极、负极表层可以产生钝化 SEI 膜，可有效防止锂离子电池自放电的行为，因此锂离子电池的循环稳定性较好，循环效率接近 100%，循环寿命高。

(3) 比能量大。由于锂离子电池的聚合物和电极材料质量轻，因此，其比能量较大。

(4) 无记忆效应。锂离子电池的电极材料结构可以可逆地进行锂离子的脱嵌，因此电池循环过程不会产生记忆效应。

可穿戴电子设备的发展对电池的要求越来越高，锂离子电池技术虽然已经发展得相当成熟，但有一些弊端依旧无法克服。

(1) 安全性问题。在可穿戴设备中，电池需要随身携带或者紧紧贴在人体皮肤表面，锂离子电池的发热问题甚至爆炸问题都会对人体构成很大的威胁。

(2) 工作温度范围小。常见锂离子电池的工作温度范围为-20～60℃，但实际来看，大多数锂离子电池只能正常工作于 0～40℃。超过这个范围，锂离子电池就会大幅度掉电或者无法正常使用。

(3) 充电要求高。在可穿戴俘能设备发展过程中，我们可以收集到太阳能、人体热能、运动机械能等能量，但如果要将其存储在锂离子电池中，则需要较高的充电电流，一旦低于其额定要求值，就无法进行充电，浪费大部分能源。

(4) 充电时间长。现阶段的锂离子电池充电速度较为缓慢，需要长时间的等待，即便是近些年出现的快充技术也跟不上人们的要求，如日常使用的智能手机也需要 1h 左右的时间才能完全充满电。

6.3　超级电容器存储

超级电容器是介于普通电容和燃料电池之间的一种新型能量存储器件，其电

容量一般以法拉为单位，为普通电容的上千倍；功率密度接近燃料电池的百倍，反复充放电的循环次数可达到十万次以上，可在-40~70℃的温度范围内正常工作。此外，超级电容器还具有可靠性高、环境友好等优点[10]。

实际使用时，由于超级电容器的额定电压和能量密度一般较低，通常需要将多个超级电容器单体进行串、并联的组合。由于超级电容器单体间的电容量、等效内阻等参数存在一定的差异，串、并联组合使用会对超级电容器的使用效率及使用寿命造成一定的影响。串联连接的超级电容器充放电过程中单体间端电压由于单体的差异而存在一定的差别；因此，需要采用一定的电压均衡方法使相互串联的超级电容器单体电压趋于均衡。目前为止，比较成熟的、常用的电压均衡方法主要包括稳压二极管均衡法、开关电阻法、变压器法、飞渡电容法等几种[11]。超级电容器在放电过程中的输出特性与普通电容类似，其端电压为指数形式的下降。因此，超级电容器为负载的供电过程中需要采取一定的稳压措施保证其输出电压的恒定。常用的稳压方法主要包括稳压二极管、三极管稳压、DC/DC 变换电路反馈型稳压及稳压集成电路等。

随着便携式电子器件的迅速发展，柔性储能器件的研发也成为大势所趋。其中柔性超级电容器作为一种极具潜力和发展优势的储能器件得到国内外学者的广泛关注。纳米技术和石墨烯以及类石墨烯材料在超级电容器的柔性化过程中起到了至关重要的作用[12]。目前为止最优能量密度的柔性超级电容器，比容量高达 $8360.5\mu F/cm^2$，能量密度达 $1.7mW \cdot h/cm^2$，功率密度达 $5.2mW/cm^{2[13]}$。

6.3.1　超级电容器储能原理

超级电容器也称为双电层电容器，超级电容器是能量密度介于电容器和传统蓄电池之间的一种新型的储能器件。

超级电容器由两个电极和电极之间的电解液组成，电解液用隔膜隔开，隔膜主要起绝缘作用，防止正、负电极之间导电，电解液的作用是保证内部的离子能够自由向着电极迁移，以此实现对超级电容器的充、放电，但是同时由于电解液的原因，超级电容器的额定电压一般都很小。两个电极由多孔材料在金属薄膜上沉积形成。充电过程中，电解液中的阴离子向正极迁移，阳离子向负极移动，阴阳离子最终在正负电极和电解液的接触面上形成双电层结构。双电层结构是 Helmholtz 在 1879 年发明的，该双层结构电容值如下：

$$C_{dc} = \varepsilon \frac{A}{d} \tag{6.1}$$

式中，C_{dc} 为双电层结构的电容值；ε 为电解液的介电常数；A 为电极的有效表面积；d 为两电极之间的等效距离。多孔材料电极的使用大大增加了电极的有效表面积，使超级电容器的电容值可达数千法。

图 6.3 所示为在将超级电容器作为储能器
件时，分析其储能过程与原理的简化等效电路
模型，也称为超级电容器的经典模型[14]，此外
关于超级电容器的应用模型还包括经典德拜
极化电池模型和传输线模型。

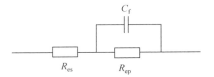

图 6.3　超级电容器经典模型

6.3.2　超级电容器充放电特性

超级电容器的储能机理基本上可以分为双电层原理和赝电容原理两大类[15]。
双电层电容主要是利用电极材料和电解质界面处电荷分离产生的双电层形成的大
电容来存储能量。赝电容以金属氧化物或者高分子导电聚合物为电极，通过在电
极上发生的高度可逆的法拉第反应进行能量存储。目前的超级电容器产品主要以
双电层原理为主，小部分产品利用两种储能原理结合来提高自身的能量密度。

1. 充电特性

超级电容器与蓄电池相比，最大的优点是循环使用寿命长，使用过程中基本
不会发生电容量大幅度衰减现象。充电特性方面，超级电容器可接受充电电流范
围极广，小至几毫安大至几安甚至几十安，且不同大小的充电电流不需要进行额
外的控制。同时，超级电容器的储能量可用式(6.2)表示，因此，只需对超级电容
器的端电压进行监测，即可确定其储能情况：

$$W = \frac{1}{2} \times C \times U^2 \tag{6.2}$$

超级电容器的使用过程中，主要有恒压、恒流、浮充充电三种基本的充电方
式[16]。实际应用中具体的充电方式需要根据实际情况进行选择或者组合。

由于超级电容器电极材料复杂的多孔特性，超级电容器充电过程存在电荷再
分配的现象[17]。即在相对较短的时间内超级电容器充电到额定的电压值，将其与
电源断开后，其端电压在短时间内会有明显的下降。这表明，超级电容器的存储
能力没有得到充分的利用，可继续对其充电。

在智能可穿戴泛在能源系统中，超级电容器在充电过程中电压、电流的大小
由最大功率点跟踪控制的结果决定，能量的存储以功率的最大化为目的。因此，
综合考虑可穿戴能量存储与超级电容器本身的充电特性，通常，在智能可穿戴泛
在能源系统中超级电容器的充电策略采用组合充电的方式，在超级电容器端电压
达到额定电压之前，以最大功率点跟踪控制的结果为主，充电电压电流由最大功
率点跟踪控制的结果决定；达到额定电压后，转为恒压充电，提高超级电容器的
利用率。

2. 放电特性

超级电容器放电时的特性与普通电容相似。放电过程中,其端电压随着放电过程的进行呈指数形式的下降。

当负载与超级电容器直接相连时,端电压的波动会对负载的正常工作造成很大影响。因此,在超级电容器放电过程中有必要在其两端采取一定的措施,使其工作在一种稳定的放电状态下,如恒压放电、恒流放电、恒功率放电等;保证负载的正常工作,同时提高能量的利用效率。

实际应用中恒压放电是最常采用的一种放电形式,符合大多数负载的供电需求。常用的恒压放电方式主要有二极管稳压电路、DC/DC 变换稳压电路、集成芯片稳压电路等几种方式[18]。

随着集成技术的不断发展,越来越多的电路实现了集成化、微型化、低功耗的设计。集成芯片的可靠性和安全性也达到了较高的水平。使用集成芯片进行电路的设计可极大地缩小电路的体积,同时提高电路的稳定性。结合可穿戴设计对于电路小型化和可靠性的要求,本书中采用集成稳压芯片实现超级电容器恒压放电输出。

6.3.3 超级电容器串并联特性

超级电容器单体的电压和能量密度一般都比较低,实际应用时,为了满足系统设计对于电压和储能量的要求;通常需要将超级电容器单体串、并联后进行使用[19]。

超级电容器由于生产工艺等问题可能造成单体间存在一定的差异,单体间的差异会对其串、并联时的使用效率产生一定的影响。相同型号的超级电容器,单体间的容量偏差通常会在-20%~80%。

1. 串联特性

考虑容量差异最大的两个超级电容器单体进行串联,如图 6.4 所示。C 为超级电容器的标准容量,则容量最大的单体 C_1 电容量可达 1.8C,容量最小的单体 C_2 电容量只有 0.8C。

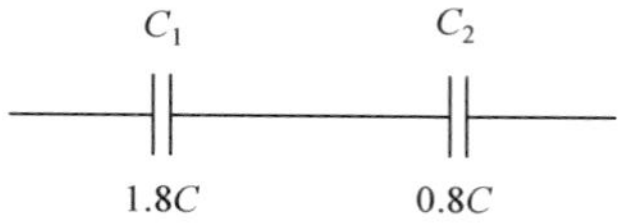

C_1　　　C_2

1.8C　　　0.8C

图 6.4　超级电容器串联示意图

图 6.4 所示的两个超级电容器单体串联时,单体间的电压关系如式(6.3)所示:

$$\frac{U_1}{U_2} = \frac{C_2}{C_1} = \frac{0.8}{1.8} \tag{6.3}$$

电容量较小的单体的电压上升速度比电容量大的单体要快得多,当 C_2 端电压达到额定电压时,U_1 只有额定电压的 4/9;当 C_1 端电压达到额定电压时,U_2 已经是额定电压的 2.25 倍。超级电容器单体间容量的差异导致串联使用时各自的端电压有很大的不同.容量较大的超级电容器端电压较低,导致其不能被充分利用,容量较小的超级电容器端电压会过高, 对其性能造成不可逆的损害。

因此,超级电容器串联使用时为了防止单体间差异导致的端电压不同的问题,通常需要采用一定的电压均衡方法使超级电容器单体间的电压尽量趋于平衡。

超级电容器电压均衡技术总体上包括能耗型和回馈型两大类。能耗型均压主要采用将稳压二极管或者电阻并联连接在超级电容器的两端方式, 使端电压较高的超级电容器中的能量通过稳压二极管或者电阻消耗达到稳压的目的。能耗型均压电路结构简单, 但是能量损失较大。回馈型电压均衡方式主要是采用 DC/DC变换器、变压器或者电容等器件通过一定的监测控制方式协调能量在不同超级电容器单体间的分配, 实现电压的均衡。回馈型均压能量损耗较小, 但是电路结构复杂, 通常还需要配置一定的控制系统, 实现起来比较麻烦。

2. 并联特性

将上述两个超级电容器单体并联连接,如图 6.5所示。

超级电容器单体间的电压关系式如式(6.4)所示:

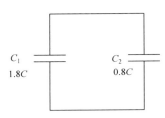

$$U_1 = \frac{\int_0^t \frac{C_1}{C_2} i_2 \mathrm{d}t}{C_1} = \frac{\int_0^t i_2 \mathrm{d}t}{C_2} = U_2 \qquad (6.4)$$

图 6.5　超级电容器并联示意图

超级电容器并联使用时, 单体间电压的增长速率相同, 与电容的容量无关。因此, 超级电容器并联时, 只需在超级电容器组的一端设计稳压保护电路使其端电压不超过额定电压即可, 无须对每一个单体进行单独的稳压设计。

6.3.4　超级电容器电压均衡方案

超级电容器两极之间是存在电解液的, 为了满足超级电容器在充放电时的离子传导性需求, 超级电容器所采用的电解液制约了其两电极之间的最大允许电压不能超过 3V, 市面上最常见的都是额定电压为 2.7V 的超级电容器。但是, 由于单个超级电容器容量有限以及大多数情况下实际设计需要的电压都高于 2.7V, 因此需要将多个超级电容器串、并联后使用[19]。

串联多个超级电容器可以提升其额定电压与储能容量, 但是由于各个单体电容器的实际电容值、漏电流以及等效串联阻抗不一致, 整个电容器组分配到各个单体电容器两端的实际电压值并不是相同的,也就是说在对整个电容器组充电时,可能会出现某个电容器的端电压已经高于其额定电压 2.7V 或者超过其最大允许电压，而其他的电容器的端电压还没有达到额定电压的情况。这就是串联超级电容器组的电压不均衡问题。而并联超级电容器组则不存在这个问题，并联超级电容器组中每个单体电容器两端的电压都是一样的，但如果只有并联形式，则并不能提高电容器组的额定工作电压。

考虑到电压不均衡的问题，在对串联超级电容器组充电的过程中，必须实时监测每一个单体电容器的端电压以防止部分电容器因过充损坏电容器，或者某些单体电容器因没有充满导致其储能容量得不到最大限度的利用。传统的电压均衡方案包括稳压管电压均衡法[20]、开关电阻法[17]在内的能耗型电压均衡方案以及 DC/DC 变换器法[17]、变压器均衡法[21]、飞渡电容法[20]在内的回馈型电压均衡方案。

1. 稳压管电压均衡法

稳压管电压均衡法的电路原理如图 6.6 所示。

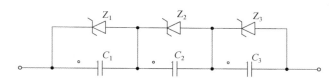

图 6.6　稳压管电压均衡法电路原理图

稳压管电压均衡法的工作原理是通过在每个需要电压均衡的电容器的两端并联一个稳压管，利用稳压管被击穿时保持两端电压稳定的特性，保证超级电容器两端电压最终稳定在同一设定值也就是稳压管的击穿电压上。

稳压管法，电路原理简单，成本低廉，但是由于电容器的均压是通过击穿稳压管实现的，能量全都消耗在稳压管上[20]，既造成稳压管发热严重，又存在非常大的能耗，而且稳压管之间精度的差异性也可能导致电压均衡的效果不好。

2. 开关电阻法

开关电阻法的基本原理是实时监测每个电容器两端的电压值，通过比较每个电容器端电压与设定的稳压值的大小，来判断是否接入电阻，当电容器端电压值达到设定值时，充电电流不再给电容器充电，而是通过电阻分流，最终实现所有电容器端电压都稳定在同一设定值，实现电压均衡。开关电阻法的电路原理图如图 6.7 所示。

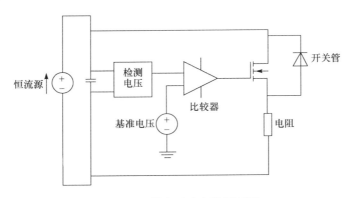

图 6.7 开关电阻法电路原理图

相对于稳压管法而言，开关电阻法控制起来较为灵活，分流电阻的阻值也可根据充电电流的大小来加以调整，而且不存在由各个电压均衡电路的差异性导致最终稳定的电压不是同一设定值的情况，可靠性高，均压效果好，但是由于需要电阻耗能，同样存在较大的发热问题。

3. DC/DC 变换器法

DC/DC 变换器法的主要原理是将电压高的单体电容器的能量通过 DC/DC 电路转移到电压较低的单体电容器上，从而实现各个单体电容器电压的均衡，通过能量转移可避免能耗型方案的发热以及能源浪费的问题。DC/DC 变换器法的电路原理图如图 6.8 所示。

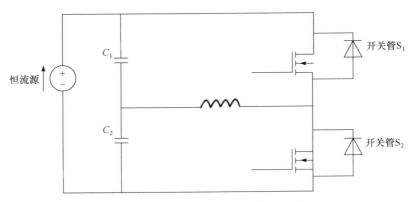

图 6.8 DC/DC 变换器法电路原理图

和能耗型方案相比，DC/DC 变换器法具有电压均衡速度快、能量损耗低、在充电过程中即可完成电压均衡等优点，但是这种方案，需要比较多的开关管和电感等来构成 DC/DC 电路，控制过程复杂，体积大且成本较高。

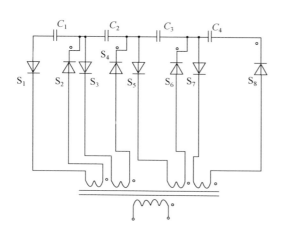

图 6.9　变压器均衡法电路原理图

4. 变压器均衡法

变压器均衡法是将单体电容器两端的电压与整体电容器组的平均电压比较,小于平均电压的单体电容器将得到整个系统的能量供给,以期达到电压均衡的目的。具体电路如图 6.9 所示。

变压器均衡法思路清晰、控制简便,相对于 DC/DC 变换器法来说,需要的开关管也非常少,但由于变压器的存在,副边绕组数目非常多,导致实际电路结构复杂,体积较大,并且变压器各个副边之间还存在互感、漏感等问题,间接增加了系统能耗。

5. 本研究团队提出的改进均压电路

考虑到智能可穿戴泛在能源系统是基于低压小功率的可穿戴设备,出于简化电路结构和降低能耗的目的决定采用体积较小的能耗型电压均衡方案,但由于传统的能耗型电压均衡方案,如稳压管法、开关电阻法能耗较大且不满足可穿戴设备设计的基本要求,本研究团队提出一种改进的能耗型电压均衡方案——限幅均压电路,其电路原理图如图 6.10 所示。

图 6.10 中的限幅均压电路是基于稳压芯片 TL431 设计的,TL431 是由德州仪器公司生产的可调式精密稳压器,如图 6.10 所示,通过调节 R_1 和

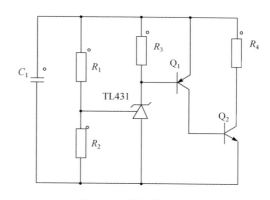

图 6.10　限幅均压电路

R_2 的比值,可以调节 TL431 的稳压值,根据 TL431 的数据手册可知,TL431 的输出电压为

$$V_{out} = \left(1 + \frac{R_1}{R_2}\right) V_{ref} \tag{6.5}$$

式中,V_{ref} 为 TL431 芯片内部的 2.5V 基准电压源。因此,图 6.10 中,稳压电路

的稳压值为V_{out}，当超级电容器两端电压不超过V_{out}时，三极管 Q_1 和 Q_2 都不会导通，当其两端电压超过V_{out}时，Q_2 会导通，电流从电阻 R_4 流过，通过这种分流方式，将超级电容器两端的电压限制在V_{out}，达到稳压限幅的效果。当超级电容器两端电压未超过额定值时，该电路只有一个非常小的漏电流在 R_1 和 R_2 上流过，能耗较小。

6.4　柔性超级电容器

可穿戴移动设备和柔性电子产品的发展使柔性储能设备的研究成为当今的一个热点问题。柔性超级电容器作为一种具有良好应用前景的柔性储能器件近年来发展迅速。本书研究过程中在普通超级电容器相关特性的基础上，积极地与化学学院有关研究人员交流合作，共同开展了柔性超级电容器制备与应用的相关研究工作。

柔性超级电容器通常是在柔性基底上生成电极材料，利用固态电解质做成叠层超级电容器。图 6.11 所示的是柔性超级电容器的研究样品。图中的全固态柔性超级电容器以商品化的碳纤维纺织物(碳布)为基底，通过电化学沉积法在碳布表面沉积聚苯胺薄膜，结合 PVA/H2SO4 凝胶电解质制备而成。该柔性超级电容器额定电压为 1V，1cm^2 的电容量接近 2mF[19]。

图 6.11　全固态柔性超级电容器

与普通超级电容器相比，全固态柔性超级电容器不含电解液，不会发生电解液泄漏、爆炸危险，安全系数较高；柔韧性强，可以任意折叠和弯曲，且不对其性能产生影响；结构简单，厚度很薄，电芯的厚度不及一枚一元硬币，易于封装。将其用于可穿戴电子产品，可直接与人体的衣物结合，完全实现可穿戴设计。

由于制作工艺的限制，上述柔性超级电容器实际应用时存在许多问题，电容的可靠性无法保证，大面积制作也还无法实现。同时，受限于材料的性能，柔性超级电容器的能量密度还无法与普通超级电容器相比，并且额定电压、电流一般较小，只能进行一部分微小能量的存储和释放。但在电子产品可穿戴、柔性化趋势的大环境下，相信柔性超级电容器经过一段时间的发展在可穿戴泛在能源系统中定会得到广泛的应用。

6.5　小　　结

　　由于可穿戴能量收集的随机性和不确定性，能量存储装置对于系统能量供应的稳定起着至关重要的作用。作为近年来新兴的储能器件，超级电容器与传统的储能装置蓄电池相比，在循环次数、环境友好、充放电敏感度、功率密度、外部温度要求等方面都有很大的优势。随着超级电容器能量密度的快速提高以及柔性超级电容器的出现，使用超级电容器进行可穿戴的能量存储已经成为大势所趋。本章详细介绍了锂离子电池和超级电容器作为储能器件的特性，尤其分析了超级电容器的充放电特性、串并联特性以及其在充电过程中几种电压均衡方案的优缺点，简单介绍了柔性超级电容器的相关特点以及其在可穿戴泛在能源系统中的应用前景。

参 考 文 献

[1] 王德明, 顾剑, 张广明, 等. 电能存储技术研究现状与发展趋势. 化工自动化及仪表, 2012, 39(7): 837-840.
[2] 崔艳艳. 高性能锂电池聚合物电解质的原位制备与性能研究. 青岛: 青岛科技大学, 2017.
[3] Ammundsen B, Paulsen J. Novel lithium-ion cathode materials based on layered manganese oxides. Advanced Materials, 2001, 13(12-13): 943-956.
[4] Fergus J W. Recent developments in cathode materials for lithium ion batteries. Journal of Power Sources, 2010, 195(4): 939-954.
[5] Park C M, Kim J H, Kim H, et al. Li-alloy based anode materials for Li secondary batteries. Chemical Society Reviews, 2010, 39(8): 3115-3141.
[6] Etacheri V, Marom R, Elazari R, et al. Challenges in the development of advanced Li-ion batteries: A review. Energy & Environmental Science, 2011, 4(9): 3243-3262.
[7] Frackowiak E, Beguin F. Carbon materials for the electrochemical storage of energy in capacitors. Carbon, 2001, 39(6): 937-950.
[8] 俞兆喆. 固态化薄膜锂电池及相关材料的制备与性能研究. 成都: 电子科技大学, 2016.
[9] 陈牧, 颜悦, 刘伟明, 等. 全固态薄膜锂电池研究进展和产业化展望. 航空材料学报, 2014, 34(6): 1-20.
[10] 唐西胜, 齐智平. 独立光伏系统中超级电容器蓄电池有源混合储能方案的研究. 电工电能新技术, 2006(03): 37-41.
[11] 彭旭, 李典奇, 彭晶, 等. 二维石墨烯和准二维类石墨烯在全固态柔性超级电容器中的应用. 科学通报, 2013(Z2): 2886-2894.

[12] Wu C Z, Lu X L, Peng L, et al. Two-dimensional vanadyl phosphate ultrathin nanosheets for high energy density and flexible pseudocapacitors. Nature Communications, 2013, 4(1): 1-7.

[13] Guilar N J, Kleeburg T J, Chen A, et al. Integrated solar energy harvesting and storage. IEEE Transactions on Very Large Scale Integration (VLSI) Systems, 2009, 17(5): 627-637.

[14] 袁国辉. 电化学电容器. 北京: 科学出版社, 2005.

[15] 陈英放, 李媛媛, 邓梅根. 超级电容器的原理及应用. 电子元件与材料, 2008(04): 6-9.

[16] Kaus M, Kowal J, Sauer D U. Modelling the effects of charge redistribution during self-discharge of supercapacitors. Electrochimica Acta, 2010, 55(25): 7516-7523.

[17] 柴庆冕. 超级电容器储能系统充放电控制策略的研究. 北京: 北京交通大学, 2010: 80.

[18] 张慧妍. 超级电容器直流储能系统分析与控制技术的研究. 北京: 中国科学院研究生院(电工研究所), 2006.

[19] Wang L, Feng X, Ren L, et al. Flexible solid-state supercapacitor based on a metal-organic framework interwoven by electrochemically-deposited PANI. Journal of the American Chemical Society, 2015, 137(15): 4920-4923.

[20] 李海冬, 冯之钺, 齐智平. 一种新颖的串联超级电容器组的电压均衡方法. 电源技术, 2006, 30(6): 499-503.

[21] 刘小宝, 许爱国, 谢少军. 串联电容器组电压均衡研究. 电力电子技术, 2009, 43(3): 48-50.

第7章　可穿戴泛在能源系统的现在与未来

7.1　可穿戴泛在能源系统的发展现状

当前智能可穿戴系统飞速发展，军事、医疗健康、生活娱乐等领域正在逐渐接受智能可穿戴系统带来的改变。智能可穿戴系统可以准确告知指挥部其士兵的位置分布，告知教练其运动员的训练情况，告知用户其睡眠、运动等情况的详细数据。我们也开始习惯智能可穿戴系统和我们的生活紧密结合起来。在这样的环境下，可穿戴泛在能源系统的发展也变得越发重要。可穿戴泛在能源系统是解决智能可穿戴系统供能问题的完美方案，也是智能可穿戴系统能真正实现"智能可穿戴"的基础。

目前，可穿戴泛在能源系统主要集中于三种能源形式：太阳能、热能和机械能。各能源收集的发电量分布与主要用途如图 7.1 所示。可以看到从这三种主要能源收集到的能量基本上可以满足现在移动设备辅助电源的供电问题。原有的可

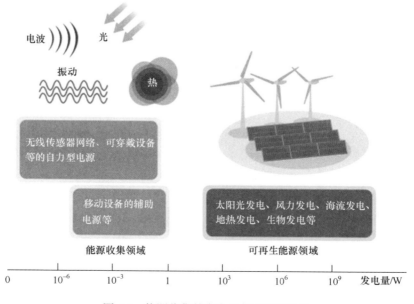

图 7.1　能源收集的发电量与主要用途[1]

穿戴泛在能源系统大多采取模块化、小型化的可穿戴设计，让设备成为人体衣物的附属品，或贴在表面，或充当装饰物。随着材料、技术的革新，越来越多的可穿戴泛在能源系统从原来简单的小型化向复杂的柔性化发展，甚至能够直接和普通织物相结合，直接被人体当作衣物穿戴在身上。例如，超细镀银导电纤维、纳米铜超微粒子导电纤维、碳纳米导电纤维等新兴材料的出现，使传统电子元件僵硬的外壳变得柔软灵活。又如，单纤维型超级电容器、织物型超级电容器等的出现，使柔性储能元件能更好地与织物连接。还有柔性纺织电池、丝网印刷技术等新产品、新技术的应用，可穿戴泛在能源系统现向着更舒适、更安全、更稳当的方向发展。

不过在看到众多成果和进步的同时，我们也应当发现一些问题。

首先，大部分所提出的可穿戴泛在能源系统都还处于实验室研究阶段，很少能够真正投入商业生产。所以在系统提高稳定性、降低生产成本、简化工艺复杂程度等方面，还有很长的路要走。其次，大部分所提出的可穿戴泛在能源系统只能针对单一的能源进行收集，如只能收集太阳能。此时若长期遇上阴天或用户长期待在室内，很有可能由环境因素导致能量收集受限，最终导致系统无法正常发电。最后，由于人体所处的环境具有高度复杂性和随机性，可穿戴泛在能源系统在走出实验室的理想环境后仍需要保持较高的工作效率。系统的高动态特性、不确定性要求系统能够进行精准的能源控制，对复杂变化做出快速反应，而从系统使用时间上来说，又需要系统控制尽可能低功耗。这种矛盾性也带来了智能可穿戴系统发展的一大挑战。除此之外，可穿戴泛在能源系统还需要有极强的稳定性和抗干扰性。一旦发现故障，需要有接口能让普通用户有办法完成修理，而不是让产品变成一次性用品。如何实现全天候的持续能量收集、提高能源系统安全性、完全摆脱外界充电供能、可再维护使用、真正实现可穿戴，都将是接下来可穿戴泛在能源系统需要解决的问题。

7.2　可穿戴泛在能源系统的未来展望

当前智能可穿戴系统飞速发展，带动了可穿戴泛在能源系统的蓬勃发展。未来智能可穿戴系统可能会以更加难以置信的方法改变和影响人类的生活方式，可穿戴泛在能源系统也更应该紧跟发展的步伐，为人类生活智能化带来便利。虽然目前可穿戴泛在能源系统发展遇到很多问题，如穿戴性不好、发电量低、智能化程度低等，但随着新兴技术的发展，可穿戴泛在能源系统将会走向新的高潮。

7.2.1　新材料技术助力可穿戴泛在能源系统发展

安全稳定、可穿戴是对可穿戴泛在能源系统的基本要求，也是排在当前可穿戴泛在能源系统研发和应用面前的重点问题。高分子合成技术的进步，加强高分子聚合物材料功能性的创新和研发；利用日益发展成熟的纳米技术、生物技术等，对纤维内部和供能结构进行形态和聚集态的改进和调整，这些在新材料上的深入研究与突破，能够有希望使储能性能、发电效率、能量捕获效率、穿戴舒适性等方面有所提高，解决可穿戴泛在能源系统高功率密度与设备元件柔性化之间的矛盾，使可穿戴泛在能源系统从模块化、小型化的穿戴方式真正向柔性可穿戴的方向发展。

7.2.2　"可穿戴泛在能源网"突破可穿戴泛在能源系统局限

可穿戴泛在能源系统的发电量低一直是系统无法普及、应用到日常生活中的一个重要因素。针对这个问题，可以考虑以人体为单位建立多能合一的"可穿戴泛在能源网"，充分利用基于人体的身体热能、步行机械能等，将单一的能源收集方式更多样化，集成多种不同能量收集技术，减少环境因素对能量收集的限制。与此同时，针对人体不同部位可穿戴式设备的具体供电需求，实现最终能量分时、分布、分目标的高效针对性输出。此外，针对人体运动环境复杂、稳定性差等特点，提高系统能源控制算法效率，定制"可穿戴泛在能源网"的低功耗高效电路，解决可穿戴泛在能源网高动态性、不确定性与控制低功耗之间的矛盾，实现输出功率的最大化，真正实现"浑身充满能量"。在发展能源收集技术时还应发展能源储存技术，结合柔性超级电容器等先进的储能技术，令"能源网"不仅作为"发电网"存在，更作为"储能网"存在。整个智能可穿戴泛在能源系统可以在不工作时进行能量储存，减少后期发电压力，也为具有更大供电需求的设备提供应急供电的可能性。

7.2.3　人工智能实现可穿戴泛在能源系统的自我管理

可穿戴泛在能源系统的终极形式必将依赖于人工智能技术。借助深度学习方法对多种系统状态、充电模式等进行学习，通过感知到的情景和电池状态实时地对其能源系统在采集、存储、放电等模式上进行智能选择与控制，使能源系统工作在最佳状态，保护电池寿命。特别是无线充电技术的发展，可以在人与环境之间建立起智能联系的桥梁，真正实现可穿戴泛在能源系统的无感存在，更好地服务于用户。例如，未来我们进入一个新的环境，可穿戴泛在能源系统自动检测当前所处环境状态与自身系统状态，智能地切换到相应的工作模式。用户只需将系统穿戴在身上，无须再介入其他操作，系统即可自动为所需设备提供电能或自动进入蓄电状态。

7.3　小　　结

本章主要总结了可穿戴泛在能源系统的发展现状，总结了目前发展存在的问题。同时，对可穿戴泛在能源系统的未来进行了展望，提出可穿戴泛在能源系统在未来三个可能的发展方向。

参 考 文 献

[1] TDK. 可穿戴设备的电源解决方案. [2018-08-24]. https: //www. jp. tdk. com/zh/tech-mag/knowledgebox/001.

彩　　图

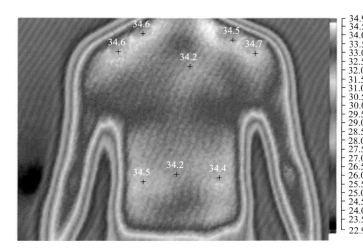

(a) 人体上半身红外扫描图

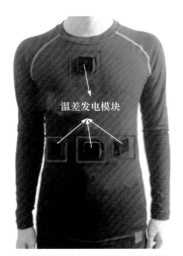

(b) 温差发电模块与服装的结合图

图 3.10　人体上半身红外扫描图和温差发电模块与服装的结合图

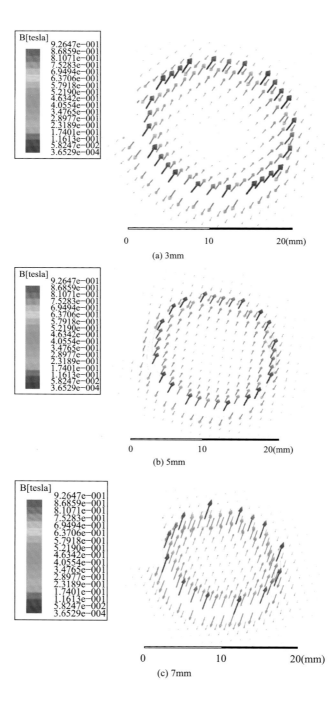

(a) 3mm

(b) 5mm

(c) 7mm

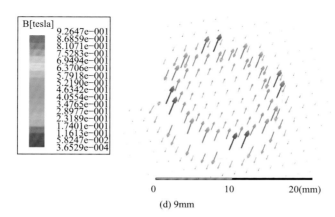

(d) 9mm

图 4.8 仅垫片厚度不同时动子径向截面静态磁感应强度向量图

圆柱形

■ 负极
□ 正极
□ 隔膜
■ 包装膜

方形

图 6.1 锂离子电池的基本结构